KB048229

최신 출제 경향에 따른

항공 교통
안전관리자
기출 예상문제 및 해설

조정현 지음

안녕하세요.

항공정비사 면허 필기 종합문제집에 이어서 항공교통안전관리자 필기 문제집을 제작한 조정현입니다.

최근 들어 항공교통안전관리자 자격증 수요가 급증하고 있는 가운데, 정보 공유나 자료가 너무 없어서 시험을 준비하시는 수험생 여러분들 위해 제작하게 되었습니다.

항공정비사 면허 필기 종합문제집처럼 문제를 다양한 유형별로 정리하였으며, 각 문제별로 해설도 모두 완성하였습니다.

마찬가지로 시험문제 변형에 대비해서 해설 내용도 잘 참고하셔서 좋은 성적을 거두시길 기원합니다.

여러분들의 항공산업 진출과 항공교육분야 발전을 위해 앞으로도 끊임없이 나아가도록 하겠습니다.

감사합니다.

저 자 올림

교통안전관리자 자격시험 상세 안내문

1 시험일정

자격분야	시험장소	원서접수기간	시험일자	합격자발표
도로, 철도, 항공, 항만, 삭도	구로, 수원, 인천, 화성, 대전, 청주, 전주, 광주, 춘천, 대구, 울산, 창원, 부산, 제주권 (제주)	한국교통안전공단 TS국가자격시험 통합홈페이지 공지사항 참조	한국교통안전공단 TS국가자격시험 통합홈페이지 공지사항 참조	시험 종료 직후

① 인터넷 접수 : TS국가자격시험 통합홈페이지(https://lic.kotsa.or.kr)

② 방문 접수 : 응시하고자 하는 공단 시험장(토요일 및 법정 공휴일 제외하고 평일 09:00~18:00에만 접수가능)

2 제출서류 등(원서접수 유형, 응시자격, 결격사유, 합격기준 등)

응시 대상자		제출서류	비 고
전 과목 응시자		• 응시원서(사진 2매 부착) 1부	인터넷 · 방문접수
일부 과목 면제 자	국가기술자격법 등에 따른 자격증 소지자	• 응시원서(사진 2매 부착) 1부 • 국가기술자격증 원본 및 사본 지참 • 자격취득사항확인서 1부(해당자에 한함) • 경력증명서(공단서식) 및 고용보험가입증명서 각1부(해당자에 한함) • 자동차관리사업등록증 1부(해당자에 한함) ☞ 원서접수일 기준이며 해당 분야 실무 3년 이상 종사한 자에 한함 (인턴 및 다수 경력 기간 합산 가능) ※ 인터넷 접수 시 자격증 정보를 입력하여야 하며, 추가 서류 제출자는 파일을 첨부하여야 함	인터넷 · 방문접수 ※ 단, 항만분야 「선박직원법」에 의한 자격증 취득자는 방문접수만 가능
	일부면제자 교육 수료자 (도로분야만 해당)	• 응시원서(사진 2매 부착) 1부 • 교육 수료증 원본 및 사본 지참 ※ 인터넷 접수 시 수료번호로 수료 여부 확인(p.17참고)	
	석사학위취득자	• 응시원서(사진 2매 부착) 1부 • 석사학위 증명서 1부 − 성적증명서에 학위수여일과 학위등록번호가 표시되는 경우 생략 가능 • 성적증명서 1부 − 대학 또는 대학원에서 시험과목과 같은 과목을 B학점 이상으로 이수한 자(교통법규 제외) − 시험과목과 이수 과목 명칭이 상이할 경우 면제가 불가할 수 있으니 반드시 사전 문의 필요 ※ 인터넷 접수 시 석사학위 증명서 및 성적증명서 스캔 파일을 첨부하여야 함	

※ 대리 접수 가능(단, 응시자의 신분증 · 응시원서 지참)

※ 교통안전법 제54조제1항에 따라 자격증 위 · 변조 시 부정한 방법으로 간주되어 자격 취소

정보

1. 원서접수 유형별 안내

인터넷 및 방문 접수 : 모든 응시자

※ 단, 항만분야 「선박직원법」에 의한 자격증 취득자는 방문접수만 가능

※ 방문접수자는 <u>접수한 권역에서만 시험응시 가능</u>

※ 취득 자격증별로 제출서류가 상이하므로 면제기준을 참고하여 제출

※ 자격증에 의한 일부 면제자인 경우 인터넷 접수 시 자격증 정보를 반드시 입력하여야 하고, 추가 서류 제출자는 파일을 첨부하여야 함

※ 방문접수 시 반드시 해당 증빙서류(원본 및 사본)를 지참

2. 제출서류 안내(제출서류는 원서 접수일 기준으로 6개월 이내에 발행분에 한함)

(1) 공통사항

- 응시원서(사진 2매 부착) : 최근 6개월 이내 촬영한 상반신(3.5×4.5㎝)
- 시험수수료 : 2만원
  ※ 환불 : 접수기간내 전액
  ⇒ 교통안전법 시행규칙 제32조제2항제4호

(2) 일부과목면제자

- 자격증 원본 및 사본 지참 : 인터넷 접수 시 자격증 정보를 입력하여야 하고, 방문접수 시 해당 자격증 원본 및 사본을 지참하여 공단 접수처에 제출
- 교육 수료증(해당자만) : 인터넷 접수 시 수료번호를 입력하여야 하고, 방문접수 시 일부면제자 교육 수료증을 지참하여 공단 접수처에 제출
- 자격취득사항확인서(해당자만) : 한국산업인력공단 발급(인터넷 발급 가능)
- 경력증명서(해당자만) : 한국교통안전공단에서 지정한 서식 사용(공단서식 참조)
  ※ 자격증별 경력 인정 기준은 <u>자격 취득 시점과 관계없이</u> **해당분야 실무 3년 이상 경력**이 있는 경우 인정
- 고용보험가입증명서(해당자만) : 근로복지공단 방문 또는 고용산재보험 토탈서비스에서 인터넷 발급
- 자동차관리사업등록증(해당자만) : 업체 소재지 지자체에서 발급
- 학위 및 성적증명서(해당자만) : 해당 대학 또는 대학원 발행 원본을 지참하여 공단접수처에 제출
⇒ 자격취득사항확인서, 경력증명서, 고용보험가입증명서, 자동차관리사업등록증, 학위 및 성적증명서 제출자는 인터넷 접수 시 해당 서류 스캔파일을 첨부하여야 함

3. 응시자격 및 결격사유

(1) 응시자격 : 제한 없음(다만, 교통안전법 제53조 제3항에 규정된 결격사유에 해당하는 자는 자격취득 불가)

→ 단, 외국인의 경우 시험접수 시 후견등기사항부존재증명서 확인

(2) 교통안전관리자 결격사유

> 1. 피성년후견인 또는 피한정후견인
> 2. 금고 이상의 실형을 선고받고 그 집행이 종료(집행이 종료된 것으로 보는 경우를 포함한다) 되거나 집행이 면제된 날부터 2년이 경과되지 아니한 자
> 3. 금고 이상의 형의 집행유예 선고를 받고 그 유예기간 중에 있는 자
> 4. 제54조의 규정에 따라 교통안전관리자 자격의 취소처분을 받은 날부터 2년이 경과되지 아니한 자

– 원서접수 마감 후 범죄경력을 확인하며, 추후 발견 시 환불규정에 따라 환불이 되지 않을 수 있음
– 시험 합격 및 자격증 발급 이후에도 결격사유에 해당될 경우 합격사실 및 자격이 취소되며 수수료는 환불되지 않음

4. 합격자 결정

▶ 응시 과목마다 40% 이상을 얻고, 총점의 60% 이상을 얻은 자

5. 자격증 교부 신청

▶ 시험 종료 직후부터, 교통안전관리자 자격시험 홈페이지 인터넷 신청 또는 한국교통안전공단 전국 지역별 자격증 신청・교부장소(공휴일・토요일 제외)

※ 자격증 교부 신청 시 구비서류 : 신분증, 수수료, 후견등기사항부존재증명서 1부

☞ 후견등기사항부존재증명서는 최근 1개월 이내 발급분에 한하며, 결격사유 확인 후 즉시 반환

〈 후견등기사항부존재증명서 〉

▷ 후견등기사항부존재증명서 : 정신적 제약으로 사무처리 능력이 부족하거나 지속적으로 결여된 사람에 대하여 후견인을 선임한 사항이 존재하지 아니함을 증명하기 위한 서류
▷ 발급방법
 – 인터넷 : 전자후견등기시스템(https://egdrs.scourt.go.kr)에서 발급(공인인증서 필요)
 – 방문 : 가정법원(지원포함)/가정법원이 없는 지역은 지방법원(지원포함)에서 발급 가능
  · 준비물 : 신분증
 – 우편 : 신청서, 신분증 사본 1부, 회송용 봉투(주소 기입, 우표 부착), 수수료
  ※ 가정법원이 아니거나 우편발급의 경우 해당 법원에 사전 문의 필요
▷ 수수료 : 현금 1,200원(인터넷 발급의 경우 무료)
☞ 가까운 법원 주소 및 안내전화 검색 방법
'대한민국 법원(https://www.scourt.go.kr)' 접속 – 각급법원 – 검색창에 법원명 또는 지역 검색

③ 시험과목 및 시간

교통안전관리자 시험과목
(교통안전법 시행령 제42조 제2항 관련, [별표 6])

구 분	필 수 과 목	선택과목 중 택일
1. 도로교통안전관리자	가. 교통법규 　1)「교통안전법」 　2)「자동차관리법」 　3)「도로교통법」 나. 교통안전관리론 다. 자동차정비	자동차공학 교통사고조사분석개론 교통심리학 중 택일
2. 철도교통안전관리자	가. 교통법규 　1)「교통안전법」 　2)「철도산업발전 기본법」 　3)「철도안전법」 나. 교통안전관리론 다. 철도공학	열차운전 전기이론 철도신호 중 택일
3. 항공교통안전관리자	가. 교통법규 　1)「교통안전법」 　2)「항공안전법」 　3)「항공보안법」 나. 교통안전관리론 다. 항공기체	항공교통관제 항행안전시설 항공기상 중 택일
4. 항만교통안전관리자	가. 교통법규 　1)「교통안전법」 　2)「항만운송사업법」 　3)「선박의 입항 및 출항 등에 관한 법률」 나. 교통안전관리론 다. 하역장비	위험물취급 기중기구조 선박적화 중 택일
5. 삭도교통안전관리자	가. 교통법규 　1)「교통안전법」 　2)「궤도운송법」 나. 교통안전관리론 다. 삭도구조	전자 및 제어공학 기계공학 전기공학 중 택일

※ 교통법규는 법 · 시행령 · 시행규칙 모두 포함
　(법규과목의 시험범위는 시험 시행일 기준으로 시행되는 법령에서 출제 됨)

▶ 시험과목의 시간 및 문제 수

구분	1회차	2회차	3회차	과목	문항 수 (배점)	비고
1교시	09:20 ~ 10:10 (50분)	13:20 ~ 14:10 (50분)	16:00 ~ 16:50 (50분)	교통법규	50문항 (2점)	− 도로, 삭도 · 교통안전법 : 20문제 · 기타법규 : 30문제 − 철도, 항공, 항만 · 교통안전법 : 10문제 · 기타법규 : 40문제
쉬는 시간	10:10 ~ 10:30 (20분)	14:10 ~ 14:30 (20분)	16:50 ~ 17:10 (20분)			−
2교시	10:30 ~ 11:45 (75분)	14:30 ~ 15:45 (75분)	17:10 ~ 18:25 (75분)	− 교통안전관리론 − 분야별 필수과목 − 선택과목	각 25문항 (4점)	과목당 25분 * 면제과목을 제외한 본인 응시 과목만 응시 후 퇴실

* 지참물 : 응시원서, 신분증(공학용 계산기 지참 가능하나 시험 시작 전 초기화 및 메모리카드 제거 필요)
** 철도분야의 경우 「교통안전법」 및 기타 법규의 문제 수가 1~3개의 범위 내에서 변경될 수 있음(전체 문제수는 50문제 동일)

4 일부면제 대상자와 면제되는 시험과목

교통안전관리자 시험의 일부 면제 대상자와 면제되는 시험과목
(교통안전법 시행령 제43조 제1항 관련, [별표 7])

종류	면제대상자	면제되는 시험과목
3. 항공교통안전 관리자	가. 석사학위 이상 소지자로서 대학 또는 대학원에서 시험과목과 같은 과목을 B학점 이상으로 이수한 자	시험과목과 같은 과목
	나. 다음 중 어느 하나에 해당하는 자 1) 「국가기술자격법」에 따른 항공산업기사 이상의 자격이 있는 자 2) 「국가기술자격법」에 따른 항공기체정비기능사 · 항공기관정비기능사 · 항공장비정비기능사 또는 항공전자정비기능사 이상의 자격이 있는 자 중 해당 분야의 실무에 3년 이상 종사한 자 3) 「국가기술자격법」에 따른 산업안전산업기사 이상의 자격이 있는 자 4) 「항공안전법」에 따른 운송용 · 사업용 · 자가용조종사(활공기는 제외한다), 항공사 · 항공기관사 · 항공교통관제사 · 운항관리사 또는 항공정비사(활공기는 제외한다)	선택과목 및 국가자격 시험과목 중 필수과목과 같은 과목

※ 도로교통안전관리자 일부면제자 교육 수료자는 교통법규만 응시

5 - 1. 면제기준 및 제출서류(자격증에 따른 면제과목)

(1) 항공교통안전관리자

▷ 필수 및 선택과목 면제대상 자격증(22개)

관련법	자 격 명		제 출 서 류	면 제 과 목
	변 경 후(현재)	변 경(통합) 전		
국가기술자격법	1) 항공기관기술사		– 자격증 원본 및 사본 1부	– 선택과목
	2) 항공기사			
	3) 항공기체기술사			– 필수과목(항공기체) – 선택과목
	4) 항공산업기사			
	5) 항공기체정비기능사		– 자격증 원본 및 사본 1부 – 경력증명서(공단서식 사용) 1부 – 고용보험가입증명서 (근로복지공단) 1부	
	6) 항공기관정비기능사			– 선택과목
	7) 항공전자정비기능사			
	8) 항공장비정비기능사			
	9) 산업안전기사			
	10) 산업안전산업기사			
항공안전법	11) 항공기관사		– 자격증 원본 및 사본 1부	– 필수과목(항공기체) – 선택과목
	12) 항공정비사(비행기·회전익항공기·비행선, 기체)('09.09.11 이후)	12a) 항공정비사(비행기·회전익항공기·비행선)('09.09.10 이전) 12b) 항공공장정비사(기체)('09.09.10 이전)		
	13) 항공정비사(왕복발동기)('09.09.11 이후)	13) 항공공장정비사(피스톤발동기)('09.09.10 이전)		– 선택과목
	14) 항공정비사(터빈발동기)('09.09.11 이후)	14) 항공공장정비사(터빈발동기)('09.09.10 이전)		
	15) 항공정비사(프로펠러)('09.09.11 이후)	15) 항공공장정비사(프로펠러)('09.09.10 이전)		
	16) 항공정비사(전자·전기·계기)('09.09.11 이후)	16) 항공공장정비사(전자·전기·계기)('09.09.10 이전)		
	17) 운송용조종사(활공기 제외)			
	18) 사업용조종사(활공기 제외)			
	19) 자가용조종사(활공기 제외)			
	20) 항공사			
	21) 항공교통관제사			
	22) 운항관리사			

※ 참고
1. 「항공안전법」에 따른 과목 면제대상 자격명에서 조종사 및 항공정비사 자격 중 "활공기는 제외"
2. 항공공장정비사는 '09.09.10부터 항공정비사로 명칭 통합됨.

5−2. 일부 과목 면제자별 상세 입력 항목 안내(인터넷접수)

(1) 국가기술자격법에 따른 자격이 있는 응시재(한국산업인력공단 발급)

▷ 상세 입력 항목

- 이름
- 생년월일(예 : 801231)
- 자격증번호(예 : 01234567890<u>A</u>) ← ※ 맨 뒤 글자는 반드시 영문
- 발급(발행)연월일(예 : 20050101) ← ※ 합격연월일이 아닌 최근 발급연월일 기재
- 자격증 내지번호(예 : 0901234567) ← ※ 2009년 8월 3일 이후 발행자격증만 기재

※ 인터넷 접수 시 위 항목을 상세히 입력하여야 하며, 아래와 같이 www.q−net.or.kr 자격증 진위 확인 메뉴에서 확인 되어야 함. 또한 자격취득사항확인서, 경력증명서 등 제출서류를 함께 첨부하여 승인이 완료되어야 과목 면제 가능.

▷ 한국산업인력공단 자격증 진위 확인 기능 안내 :

www.q−net.or.kr Home 〉 발급/조회센터 〉 확인서/자격증 진위확인 〉 자격증 진위확인

* 진위 확인 된 경우 眞(정상적으로 발급된 자격증입니다.) 라는 문구가 표시됨.

(2) 항공안전법에 따른 자격이 있는 응시자(한국교통안전공단 발급)

　　① 상세 입력 항목

　　　　■ 자격명

　　　　■ 자격번호

　　　　■ 생년월일(예 : 801231)

　　　　■ 교부일

　　　　■ 한정사항(예 : 기체, 비행기, 회전익항공기 등)

　　※ 인터넷 접수 시 위 항목을 상세히 입력하여야 하며, 공단 항공자격시스템에서 확인된 경우 면제 과목이 인정됨

(3) 고용보험가입증명서 발급 방법

　　▷ 국가기술자격법에 따른 자격이 있는 자 중 실무경력 3년이 필요한 응시자가 원서접수 시 경력증명서(공단 서식) + (해당 경력)고용보험가입증명서 제출

　　　① 고용 · 산재보험 토탈서비스(http://total.kcomwel.co.kr) 접속 → (공인인증서)로그인

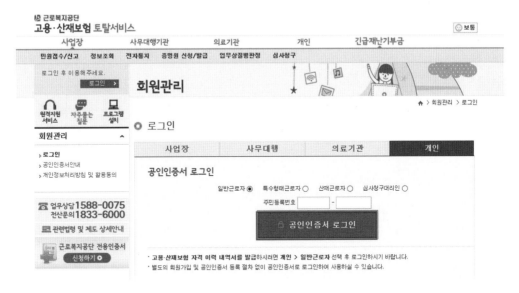

② [개인] – [증명원 신청/발급] – [고용 · 산재보험 자격 이력 내역서]

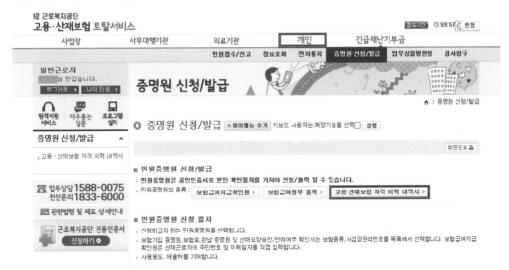

③ 보험구분은 '고용', 조회구분은 '사용'에 체크 후 [조회]

* 일용직 근무 경력의 경우 조회구분을'일용'에 체크

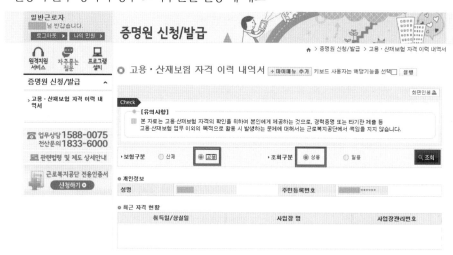

④ 해당 경력에 체크한 후 '고용/산재보험 자격 이력 내역서(개별사업장)' [신청] 또는 [메일전송]

※ 공무원의 경우 : 건강보험자격득실 확인서 징구

▷ 고용보험가입증명서 샘플

복사방지를 위한 플러그인 설정이 되지 않았습니다.

접수번호		☐산재보험 ☑고용보험 개별 사업장 자격내역확인서 (근로자용)		
4120-2020-				
신청인	성 명		생년월일	
대상 사업장	명 칭	한국교통안전공단		
	소재지	(39660)경북 김천시		
자격내역		자격 취득일		자격 상실일
		2014년 06월 02일		

※ 본 자료는 산재보험·고용보험 자격의 확인을 위하여 근로자 본인에게 제공하는 것으로, 경력증명 또는 ~~~~ 제출 등 ~~~~ 고용~~~ 이외 이외의 목적으로 활용 시 발생하~~ 문제에 대해서는 근로복지공단이 책임을 지지 않습니다.

SAMPLE

위와 같이 자격내역을 알려드립니다.

2020년 05월 26일

근로복지공단 구미지사장

6 국가기술자격별 상위 자격증 현황

항공	항공산업기사 이상의 자격	항공 산업기사	–	항공	항공	–	–
	항공기체정비기능사 항공기관정비기능사 항공장비정비기능사 항공전자정비기능사 이상의 자격	항공기체 정비기능사	항공기체정비	–	–	–	항공기체
		항공기관 정비기능사	항공기관정비	–	–	–	항공기관
		항공장비 정비기능사	항공장비정비	–	–	–	–
		항공전자 정비기능사	항공전자정비	–	–	–	–

7 국가기술 자격증 연혁

(1) 항공교통안전관리자

1) 항공기관기술사

'74.10.16.	'92.03.01.	'22.07. 현재
항공기술새(항공기관)	항공기관기술사	항공기관기술사
항공기술새(항공장비)		

2) 항공기사

'74.10.16.	'99.03.28.	'22.07. 현재
항공기사1급	항공기사	항공기사

3) 항공산업기사

'74.10.16.	'84.11.15.	'99.03.28.	'22.07. 현재
항공기사2급	항공기사2급	항공산업기사	항공산업기사
–	(신)항공정비기능사1급		

4) 항공기체기술사

'74.10.16.	'92.03.01.	'22.07. 현재
항공기술새(기체)	항공기체기술사	항공기체기술사

5) 항공기체정비기능사

'84.11.15.	'99.03.28.	'22.07. 현재
항공기체정비기능사2급	항공기체정비기능사	항공기체정비기능사

6) 항공기관정비기능사

'84.11.15.	'99.03.28.	'22.07. 현재
항공기관정비기능사2급	항공기관정비기능사	항공기관정비기능사

7) 항공전자정비기능사

'84.11.15.	'99.03.28.	'22.07. 현재
항공전자정비기능사2급	항공전자정비기능사	항공전자정비기능사

8) 항공장비정비기능사

'84.11.15.	'99.03.28.	'22.07. 현재
항공장비정비기능사2급	항공장비정비기능사	항공장비정비기능사

9) 산업안전기사

'74.10.16.	'84.01.01.	'99.03.28.	'22.07. 현재
기계안전기사1급			
화공안전기사1급	산업안전기사1급	산업안전기사	산업안전기사
전기안전기사1급			

10) 산업안전산업기사

'74.10.16.	'84.01.01.	'99.03.28.	'22.07. 현재
기계안전기사2급			
화공안전기사2급	산업안전기사2급	산업안전산업기사	산업안전산업기사
전기안전기사2급			

11) 항공기관사(변경사항없음)

12~16) 항공정비사

'93.02.13.	'09.09.10.	'22.07. 현재
항공정비사	–	–
항공공장정비사(기체)	항공정비사(기체)	–
항공공장정비사(피스톤발동기)	항공정비사(왕복발동기)	–
항공공장정비사(터빈발동기)	항공정비사(터빈발동기)	–
항공공장정비사(프로펠러)	항공정비사(프로펠러)	–
항공공장정비사(전자·전기·계기)	항공정비사(전자·전기·계기)	16) 항공정비사(전자·전기·계기) (정비분야 한정)

17) 운송용조종사(변경사항없음)

18) 사업용조종사(변경사항없음)

19) 자가용조종사(변경사항없음)

20) 항공사(변경사항없음)

21) 항공교통관제사(변경사항없음)

22) 운항관리사(변경사항없음)

8 교통안전관리자 자격시험 경력증명서(공단 서식)

(앞쪽)

경력(재직)증명서

①주소					(②전화번호 :)	
③성명	(한글)			④생년월일		–
⑤자격 증명		⑥자격취득일			⑦자격증번호	
증명 사항	⑧재직기간			⑨소속 및 직위	⑩담당업무내용 (자격증과 관련된 해당 실무)	
	년 월 일 ~ 년 월 일		년 월			
	년 월 일 ~ 년 월 일		년 월			
	년 월 일 ~ 년 월 일		년 월			
	년 월 일 ~ 년 월 일		년 월			
	년 월 일 ~ 년 월 일		년 월			
	년 월 일 ~ 년 월 일		년 월			
	년 월 일 ~ 년 월 일		년 월			

「교통안전법」제53조제4항, 같은 법 시행령 제43조제3항 및 같은 법 시행규칙 제25조의 규정에 따라 교통안전관리자 시험의 일부 면제 응시자격 증명을 위한 경력(재직)증명서를 제출합니다.

20 년 월 일

위 본인 (서명 또는 인)

위 기재사항이 사실과 다름없음을 증명합니다. 년 월 일 기관명 : 주소 : 전화번호 : 사업자등록번호 또는 대표자 주민등록번호 : 대표자 : ㉑	⑪발급자	
	소속	
	직위	
	성명	㉑

수탁기관의 장 귀하

※ 주의사항 : 이 증명은 교통안전관리자 시험의 일부 면제 응시자격 증명을 위한 것이므로 허위작성 또는 위조 등으로 사실과 다를 때에는 2년 이내에 동일한 자격종목에 응시할 수 없으며, 이미 취득한 자격의 취소처분을 받을 수 있습니다.

(뒤쪽)

경력(재직)증명서 작성방법

①주소 : 주민등록지상 주소를 상세히 기재합니다.

②전화번호 : 자택 및 회사 또는 휴대전화 등 연락이 가능한 번호를 정확히 작성합니다.

③성명 : 한글로 기재하되 정자로 쓰시기 바랍니다.

④주민등록번호 : 개인정보보호를 위해 앞 6자리만 기재합니다.

⑤자격증명 : 제출하는 자격증의 명칭을 정확히 기재합니다.

⑥자격취득일 : 자격증을 취득한 연월일을 정확히 기재합니다.

⑦자격증번호 : 자격증번호를 기재합니다.

⑧재직기간 : 기간을 년 · 월 · 일 단위로 근무연수를 구체적으로 작성하여야 합니다.

⑨소속 및 직위 : 소속 및 직위를 구체적으로 쓰시기 바랍니다.

⑩담당업무내용 : 자격증과 관련된 해당 분야의 실무경력만 구체적으로 쓰시기 바랍니다.

⑪발급자 : 제증명 발급부서의 발급자의 소속, 직위 및 성명을 작성하고, 날인하여야 합니다.

⑨ 교통안전관리자 자격시험 응시원서(현장접수용_법정서식)

■ 교통안전법 시행규칙 [별지 제12호서식] 〈개정 2016. 7. 14.〉

응 시 원 서

※ [ ]에는 해당되는 곳에 √표를 합니다.   (앞쪽)

① 접수처		② 응시번호	

응시자	③ 성명		④ 주민등록번호 ─ (만 세)	사 진 (3.5cm×4.5cm) <u>(6개월 이내 촬영한</u> <u>여권용사진)</u> 인터넷 접수시 50킬로바이트 이하 jpg파일 제출 가능
	⑤ 주소 (우)			
	⑥ 연락처	자택		
		휴대폰		
	⑦ 등록기준지 (우)			

신청내용	⑧ 응시분야 [ ] 도로교통안전관리자 [ ] 철도교통안전관리자 [ ] 항공교통안전관리자 [ ] 항만교통안전관리자 [ ] 삭도교통안전관리자		
	⑨ 선택과목		
	⑩ 면제과목 [ ] 필수과목( ), [ ] 선택과목( )		
	⑪ 면제사유	[ ] 자격증소지자	[ ] 학위취득자	[ ] 실무경험자
	⑫ 구비서류	[ ] 자격증사본 [ ] 과목확인서 [ ] 경력증명서	[ ] 성적증명서	[ ] 교육·훈련과정 수료증 사본
		[ ] 결격사유에 해당하지 아니함을 증명하는 서류(외국인에 한함)		

본인은 (   )년도 제(   )회 교통안전관리자 시험에 응시하기 위하여 위와 같이 응시원서를 제출합니다.
위의 기재사항은 틀림이 없으며, 만약 시험 합격 후에 거짓으로 적은 사항이 발견되었을 때에는 합격을 취소해도 이의를
제기하지 아니할 것임을 서약합니다.
년   월   일
응시자   (서명 또는 인)
한국교통안전공단이사장   귀하

※ 한국교통안전공단 인터넷 홈페이지(www.kotsa.or.kr)에서도 신청할 수 있습니다.

⑬ 접 수 처	응 시 표	사 진 (3.5cm×4.5cm) (6개월 이내 촬영한 여권용사진) 인터넷 접수시 50킬로바이트 이하 jpg파일 제출 가능
⑭ 응시번호		
⑮ 시험장소	( )년도 제( )회	
⑯ 성 명	( )교통안전관리자시험	
⑰ 주민등록번호 (만 세)		
		년 월 일

한국교통안전공단이사장 (인)

210mm×297mm[인쇄용지(특급) 80g/㎡]

(뒤쪽)

비고

1. ⑫ 구비서류란의 "결격사유에 해당하지 아니함을 증명하는 서류(외국인에 한함)"란 시험에 응시하려는 사람이 외국인 경우에 법 제53조제3항 각 호의 결격사유 중 어느 하나에 해당하지 아니함을 확인할 수 있는 다음 각 목의 구분에 따른 서류를 말합니다. 다만, 각 목의 서류는 제출일 전 1개월 이내에 발행되거나 작성된 것이어야 합니다.
   가. 「외국공문서에 대한 인증의 요구를 폐지하는 협약」을 체결한 국가의 경우: 해당 국가의 정부 그 밖에 권한 있는 기관이 발행한 서류이거나 공증인이 공증한 해당 외국인의 진술서로서 해당 국가의 아포스티유(Apostille) 확인서 발급 권한이 있는 기관이 그 확인서를 발급한 서류
   나. 「외국공문서에 대한 인증의 요구를 폐지하는 협약」을 체결하지 않은 국가의 경우: 해당 국가의 정부 그 밖에 권한 있는 기관이 발행한 서류이거나 공증인이 공증한 해당 외국인의 진술서로서 해당 국가에 주재하는 우리나라 영사가 확인한 서류

작성방법

1. 음영표시란은 응시자가 적지 않습니다.
2. 파란색이나 검은색으로 바르게 적어야 합니다.
3. ⑤, ⑦의 주소는 우편번호 및 도로명주소를 적습니다.
4. ⑥의 연락처는 자택의 전화번호와 응시자의 휴대폰 번호를 적습니다.
5. ⑧의 응시분야는 해당 분야에 ∨표를 해야 합니다.
6. ⑨의 선택과목은 응시분야의 해당 선택과목을 적습니다.
7. ⑩의 면제과목은 면제받는 과목이 있는 경우에 ∨표를 한 후, (   )안에 면제받는 과목명을 적습니다.
8. ⑪, ⑫의 면제사유 및 구비서류는 각각 해당란에 ∨표시를 해야 합니다.
9. ⑯, ⑰은 ③, ④와 같게 적어야 합니다.
10. 수수료: 시험시행 공고에 따른 소정액을 납부해야 합니다.
11. 접수된 원서의 기재사항 중 ⑧의 표기사항은 변경할 수 없습니다.
12. 접수된 응시원서(원본) 및 그 밖의 서류는 반환하지 않습니다.

주의사항

1. 응시표를 교부받은 후 빠뜨린 사항이 없는지 확인해야 합니다.
2. 응시표를 가지지 아니한 사람은 응시하지 못하며, 응시표가 분실되거나 훼손된 경우에는 재교부를 받아야 합니다(재교부 신청시에는 사진 1장을 제출해야 합니다).
3. 시험시작 30분 전에 지정된 좌석에 앉아야 하며, 응시표를 책상 오른편 위에 놓고 감독요원의 확인을 받아야 합니다.
4. 답안지에는 컴퓨터용 수성사인펜 한 가지만을 사용해야 하며, 기입란 외의 부분에 적거나 밑줄이나 그 밖의 어떠한 표시도 해서는 안됩니다.
5. 응시 도중에 퇴장하거나 이석한 사람은 다시 입장할 수 없으며, 시험실 내에서는 흡연, 담화, 물품대여 등은 금지됩니다.
6. 부정행위자·규칙위반자 또는 주의사항이나 감독요원의 지시에 따르지 아니하는 사람은 즉각 퇴장을 당하게 되고, 해당 시험은 무효가 됩니다.
7. 그 밖의 자세한 사항은 감독요원의 지시에 따라야 합니다.

10 교통안전관리자 자격시험 환불신청서(공단 서식)

교통안전관리자 자격시험 환불신청서

			담당	처장

응시시험명 (응시분야)	교통안전관리자 (분야)	수 험 번 호	
응시 차수	2023년 차	시험 접수일	
성 명 (전화번호)	( )	생년월일	
주 소			
접수 금액		환불금액	
환불신청 사유			
송금계좌	은 행 명	계 좌 번 호	예 금 주

위와 같이 2023년도 교통안전관리자 시험 중 (필기)시험의 응시수수료에 대한 환불을 요청합니다.

　　본　 인 신청시 : 성 명　　 (인 또는 서명)

　　대리인 신청시 : 성 명　　 (인 또는 서명)

　　생 년 월 일　:

　　신 청 일 :　 년　 월　 일

한국교통안전공단 이사장 귀하

■ 응시 분야 : 도로 / 철도 / 항공 / 항만 / 삭도 중 선택 응시분야을 작성

■ 환불 규정 : 교통안전법 시행규칙 제32조에서 정한바와 같이 반환

－ 응시원서 접수기간에 취소한 경우 : 납입한 수수료

－ 응시원서 접수마감일의 다음날부터 시험 시행일 7일전까지 취소한 경우 : 납입한 수수료의 100분의 60

※ 대리인 신청시 구비서류 : 대리인 및 본인의 신분증

　우편 및 팩스 신청 시 구비서류 : 본인 신분증 사본

※ 카드결재, 실시간 계좌 출금의 경우 해당 카드 및 은행계좌로 취소 처리됨.

11 시험장 안내(고객 콜센터 1577-0990)

	접수 · 교부장소	주 소	안내전화
시험장 · 자격증 발급처	서울본부(구로)	(08265) 서울 구로구 경인로 113(오류동) 구로검사소 내 3층	02-372-5347
	경기남부본부	(16431) 경기 수원시 권선구 수인로 24(서둔동)	031-297-9123
	대전세종충남본부	(34301) 대전 대덕구 대덕대로 1417번길 31(문평동)	042-933-4328
	대구경북본부	(42258) 대구 수성구 노변로 33(노변동)	053-794-3816
	부산본부	(47016) 부산 사상구 학장로 256(주례3동)	051-315-1421
	광주전남본부	(61738) 광주 남구 송암로 96(송하동)	062-606-7634
	인천본부	(21544) 인천 남동구 백범로 357(간석동) 한국교직원공제회관 3층	032-833-5000
	강원본부	(24397) 강원 춘천시 동내면 동내로10(석사동)	033-240-0100
	충북본부	(28455) 충북 청주시 흥덕구 사운로 386번길 21(신봉동)	043-266-5400
	전북본부	(54885) 전북 전주시 덕진구 신행로 44(팔복동)	063-212-4743
	경남본부	(51391) 경남 창원시 의창구 차룡로48번길 44, 창원스마트타워 2층	055-270-0550
	울산본부	(44721) 울산 남구 번영로 90-1(달동), 7층	052-256-9373
	제주본부	(63326) 제주 제주시 삼봉로 79(도련2동)	064-723-3111
	교부장소	주 소	안내전화
자격증 발급처	화성드론자격시험센터	(18247) 경기 화성시 송산면 삼존로 200(삼존리)	031-645-2100
	강릉검사소	(25523) 강원 강릉시 경강로 1952-10(홍제동)	033-646-5000
	충주검사소	(27335) 충북 충주시 목행산단6로 27(금릉동)	043-853-5050
	홍성검사소	(32244) 충남 홍성군 홍성읍 충서로 1207(남장리)	041-632-5837
	세종검사소	(30154) 세종 종합경기장로 29-5(대평동)	044-868-0515
	안동검사소	(36744) 경북 안동시 경북대로 166-13(수상동)	054-858-8447
	포항검사소	(37866) 경북 포항시 남구 섬안로45번길 34(괴동동)	054-285-2134
	진주검사소	(52809) 경남 진주시 솔밭로43번길 15(상평동)	055-752-0814
	목포검사소	(58658) 전남 목포시 옥암로 153(상동)	061-283-5004

※ 13개 시험장에서 시험 시행 및 자격증 발급, 9개 검사소 및 시험장에서 자격증 발급
※ 주차시설이 부족하므로 가급적 대중교통 이용

※ 유의사항 1. 인터넷 접수 : 모든 응시자(주소지와 관련 없이 본인이 응시하고자 하는 지역에 접수)
　　　　　　 2. 방문 접수 : 응시하고자 하는 시험장에 방문하여 접수
☞ 타 지역 접수 불가(예 : 경기남부본부에 방문하여 부산본부 시험 접수 불가)

12 자주하는 질문

Q 대리접수 가능 여부

A 대리접수 가능(단, 응시자 신분증 필수 지참/단체 대리접수 동일, 사본의 경우 원본대조필)

Q 원서접수 후 사진 수정 방법

A 고객센터(1577-0990)를 통해 유선 상담 후 이메일로 사진을 전송하여 수정 요청

※ 사진 변경 수정 가능 조건 : 기 접수한 사진과 변경하려고 하는 사진이 <u>육안으로 명확하게 동일인임이 확인</u>
<u>되는 경우</u>에 한함.

Q 대학 또는 대학원에서 이수한 시험과목의 해석범위 등

A 1) 관련 조문

- 교통안전관리자 시험의 일부 면제 대상자와 면제되는 시험과목(교통안전법 시행령 제43조 제1
항 관련, [별표 7])
- 석사학위 이상 소지자로서 대학 또는 대학원에서 시험과목과 같은 과목(「학점인정 등에 관한 법
률」 제7조에 따라 학점으로 인정받은 과목을 포함한다. 이하 같다)을 B학점 이상으로 이수한 자

2) 전제조건

- 석사학위 소지(수료는 인정 불가)
- 전문학사(전문대학 등 4년제 이하)등 졸업 후 편입하여 논문제출 등으로 대학원을 졸업한 자

3) 면제과목

- 교통안전관리자 시험과목 중 대학 또는 대학원에서 B학점 이상으로 이수한 과목
(B⁻도 가능하며, C 이하만 아니면 인정)
- 과목명이 정확하게 일치해야 하며, 상이할 경우 수강 시 교육과정[curriculum] 제출

Q 국가기술자격증을 소지하고 관련분야 경력이 3년 이상일 때, 경력의 기준

A 인정 가능한 근무 경력

- 자격증과 관련된 분야 근무 경력
<u>(자격증과 관련 없는 경리 및 단순 서무업무는 인정 불가)</u>
- 자격증 취득 시점과 관계없이 관련분야에 근무한 모든 경력(다수 경력 합산 가능)
- 관련분야 청년인턴 등 기간제 근로자 근무 경력
※ <u>군경력의 경우 국방부장관이 발급한 군경력증명서를 제출해야 함</u>

Q (도로분야)교통안전관리자 자격시험의 일부 면제를 위한 교육 · 훈련과정

A 교통안전법 시행령 [별표8]에 따라 교통안전관리자 시험의 일부 면제를 위한 실무경험이 있는 사람들을 대상으로 한국교통안전공단이 시행하는 70시간의 교육과정으로 교통법규 · 교통안전관리론 및 해당 분야별 시험과목과 관련된 교육 · 훈련을 시행하는 제도
(교육 이수 후 교통안전관리자 정기시험에 합격하여야 함)

Q 교통법규 과목 면제가능 여부

A 교통법규 과목은 「교통안전법」 시행령 제43조 제1항에 의거하여 면제 불가

Q 교통법규 과목의 시험 범위

A 교통법규는 법 · 시행령 · 시행규칙 모두 출제
  ※ 시험일 기준 시행 중인 법만 출제(시행 예정은 포함 안 됨)

Q 면제과목이 있는 경우 시험 시간 및 입 · 퇴실 시간 안내

A 1교시는 교통법규 응시로 모든 응시자가 입실하여 시험 시행
  2교시는 면제되는 과목 제외하고 응시하는 과목의 시험지만 배부되며, 30분이 지난 시점에 퇴실하여야 함

Q 공학용 계산기 지참이 가능 여부

A 감독관이 보는 앞에서 초기화 및 외장 메모리 카드를 제거한 공학용 계산기 지참 가능

Q 인터넷 원서접수 전자결제 시 에러가 날 경우

A 인터넷 원서접수 시 전자결제 지불대행사인 (주)KG이니시스를 이용하고 있으므로 결제 시 에러가 나는 경우는 이니시스 콜센터로 문의
  ※ 이니시스 콜센터 : 1588-4954 (이후 1-1-6 으로 연결하면 즉시 연결 가능)
    또한, 일부 체크카드 승인이 되지 않는 경우 신용카드 권장
    (응시자 본인 카드가 아니어도 관계없음)

Q 인터넷 원서접수 전자결제 시 '이니페이 플러그인 128' 에러가 날 경우

A '이니페이 플러그인 128'에러 발생 시 MS 인터넷 익스플로러 8 이상 사용 권장
  MS 인터넷 익스플로러 8 이상을 사용하는데도 에러가 뜬다면 인터넷 실행 시 평소처럼 왼쪽 마우스 버튼으로 아이콘을 더블 클릭하지 마시고, 우측 마우스 버튼 실행 후 관리자 권한으로 실행

인터넷 접수시 전자결재 창이 안 되는 경우 사용법

1) 윈도우 7 또는 Vista 운영체제 컴퓨터의 경우

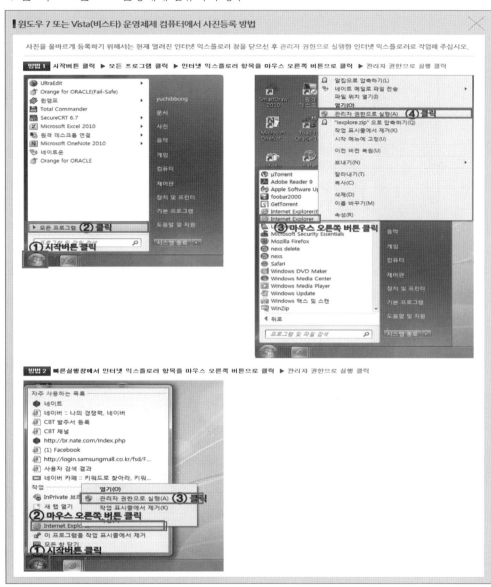

2) 윈도우 8 운영체제 컴퓨터의 경우
   - 인터넷 익스플로러를 선택 후 Internet explorer에서 마우스 우측 버튼을 선택한 후 "관리자 권한
     으로 실행"

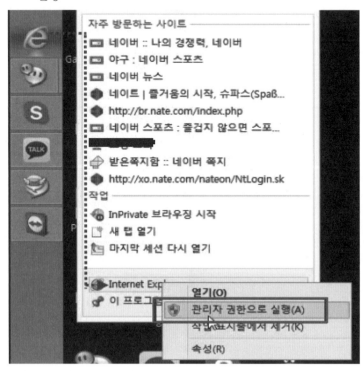

   - 다음과 같이 사용자 계정 컨트롤이 나오면 "예" 선택

Contents

CHAPTER 04 교통안전관리론

CHAPTER 05 실전모의고사

CHAPTER

01

교통안전법

[이 장의 특징]

어느 산업이든 질서와 안전도를 기여하는 것에 있어서 국가에서 제정하고 시행하는 법령은 매우 중요하다.

교통안전법은 교통사고 예방과 교통안전을 확보하기 위한 법률이다. 이 장에서는 교통안전법의 적용 대상, 교통안전 조치의 의무와 책임, 교통사고 처리 절차 등을 다루게 된다.

또한 교통안전에 대한 중요성과 이를 위한 노력이 강조되며, 법규 준수를 통해 안전한 운전 습관을 갖추는 것이 교통안전에 기여하는 방법임을 알게 해준다.

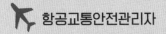
항공교통안전관리자

01 다음 중 교통안전법의 목적으로 옳지 않은 것은?

① 교통안전 증진에 이바지함을 목적으로 한다.
② 육상교통·해상교통·항공교통 등 부문별 교통사고의 발생현황과 원인의 분석을 한다.
③ 교통안전에 관한 국가 또는 지방자치단체의 의무·추진체계 및 시책 등을 규정한다.
④ 교통안전에 관한 국가 또는 지방자치단체의 의무·추진체계 및 시책 등을 종합적·계획적으로 추진한다.

해설

교통안전법 제1조(목적)
이 법은 교통안전에 관한 국가 또는 지방자치단체의 의무·추진체계 및 시책 등을 규정하고 이를 종합적·계획적으로 추진함으로써 교통안전 증진에 이바지함을 목적으로 한다.

02 다음 중 교통안전법에서 규정하는 교통수단으로 옳지 않은 것은?

① 차마   ② 전동휠체어
③ 철도차량   ④ 항공기

해설

교통안전법 제2조(정의)
이 법에서 사용하는 용어의 뜻은 다음과 같다. 〈개정 2009. 4. 22., 2011. 6. 15., 2016. 3. 29., 2017. 1. 17., 2018. 3. 27., 2019. 11. 26., 2020. 6. 9.〉
1. "교통수단"이라 함은 사람이 이동하거나 화물을 운송하는데 이용되는 것으로서 다음 각 목의 어느 하나에 해당하는 운송수단을 말한다.

가. 「도로교통법」에 의한 차마 또는 노면전차, 「철도산업발전 기본법」에 의한 철도차량(도시철도를 포함한다) 또는 「궤도운송법」에 따른 궤도에 의하여 교통용으로 사용되는 용구 등 육상교통용으로 사용되는 모든 운송수단(이하 "차량"이라 한다)
나. 「해사안전법」에 의한 선박 등 수상 또는 수중의 항행에 사용되는 모든 운송수단(이하 "선박"이라 한다)
다. 「항공안전법」에 의한 항공기 등 항공교통에 사용되는 모든 운송수단(이하 "항공기"라 한다)

03 교통안전법에 따라 교통수단이라 함은 사람이 이동하거나 화물을 운송하는데 이용되는 것으로서 해당하는 운송수단으로 옳지 않은 것은?

① 「도로교통법」에 의한 차마 또는 노면전차, 「철도산업발전 기본법」에 의한 철도차량(도시철도를 포함한다)
② 「궤도운송법」에 따른 궤도에 의하여 교통용으로 사용되는 용구 등 육상교통용으로 사용되는 모든 운송수단(이하 "차량"이라 한다)
③ 「선박안전법」에 의한 선박 등 수상 또는 수중의 항행에 사용되는 모든 운송수단(이하 "선박"이라 한다)
④ 「항공안전법」에 의한 항공기 등 항공교통에 사용되는 모든 운송수단(이하 "항공기"라 한다)

해설

2번 문제 해설 참조

정답   01 ②   02 ②   03 ③

04 교통안전법상 교통체계의 정의 중 다음의 괄호 안에 들어갈 용어로 옳은 것은?

"교통체계"라 함은 사람 또는 화물의 이동·운송과 관련된 활동을 수행하기 위하여 개별적으로 또는 서로 유기적으로 연계되어 있는 교통수단 및 교통시설의 (   ) 또는 이와 관련된 산업 및 제도 등을 말한다.

① 이용·보존·운영체계
② 보존·이동·운영체계
③ 이용·관리·운영체계
④ 이용·관리·활동체계

해설

교통안전법 제2조(정의)
3. "교통체계"라 함은 사람 또는 화물의 이동·운송과 관련된 활동을 수행하기 위하여 개별적으로 또는 서로 유기적으로 연계되어 있는 교통수단 및 교통시설의 이용·관리·운영체계 또는 이와 관련된 산업 및 제도 등을 말한다.

05 다음 중 교통안전법에 따른 "교통체계"에 대한 설명으로 옳은 것은?

① 사람이 이동하거나 화물을 운송하는 데 이용되는 것으로서 운송수단을 말한다.
② 도로·철도·궤도·항만·어항·수로·공항·비행장 등 교통수단의 운행·운항 또는 항행에 필요한 시설과 그 시설에 부속되어 사람의 이동 또는 교통수단의 원활하고 안전한 운행·운항 또는 항행을 보조하는 교통안전표지·교통관제시설·항행안전시설 등의 시설 또는 공작물을 말한다.
③ 사람 또는 화물의 이동·운송과 관련된 활동을 수행하기 위하여 개별적으로 또는 서로 유기적으로 연계되어 있는 교통수단 및 교통시설의 이

용·관리·운영체계 또는 이와 관련된 산업 및 제도 등을 말한다.
④ 교통행정기관이 교통안전법 또는 관계법령에 따라 소관 교통수단에 대하여 교통안전에 관한 위험요인을 조사·점검 및 평가하는 모든 활동을 말한다.

해설

4번 문제 해설 참조

06 다음 중 교통안전법에서 규정하는 지정행정기관으로 옳은 것은?

① 시·도지사
② 경찰서
③ 국토교통부
④ 시청·군청·구청

해설

교통안전법 시행령 제2조(지정행정기관)
「교통안전법」(이하 "법"이라 한다) 제2조제5호에 따른 지정행정기관은 다음 각 호와 같다. 〈개정 2010. 3. 15., 2010. 7. 12., 2013. 3. 23., 2014. 11. 19., 2017. 7. 26., 2017. 9. 19.〉
1. 기획재정부
2. 교육부
3. 법무부
4. 행정안전부
5. 문화체육관광부
6. 농림축산식품부
7. 산업통상자원부
8. 보건복지부
8의2. 환경부
9. 고용노동부
10. 여성가족부
11. 국토교통부
12. 해양수산부
12의2. 삭제 〈2017. 7. 26.〉
13. 경찰청
14. 국무총리가 교통안전정책상 특히 필요하다고 인정하여 지정하는 중앙행정기관
[전문개정 2008. 2. 29.]

07 다음 중 교통안전법에 따른 지정행정기관으로 옳지 않은 것은?

① 행정안전부   ② 경찰서
③ 국토교통부   ④ 법무부

해설

6번 문제 해설 참조

08 다음 중 교통수단안전점검에 대한 설명으로 옳은 것은?

① 교통행정기관이 교통안전법 또는 관계법령에 따라 소관 교통수단에 대하여 교통안전에 관한 위험요인을 조사·점검 및 평가하는 모든 활동을 말한다.
② 육상교통·해상교통 또는 항공교통의 안전(이하 "교통안전"이라 한다)과 관련된 조사·측정·평가업무를 전문적으로 수행하는 교통안전진단기관이 교통시설에 대하여 교통안전에 관한 위험요인을 조사·측정 및 평가하는 모든 활동을 말한다.
③ 교통수단·교통시설 또는 교통체계의 운행·운항·설치 또는 운영 등에 관하여 지도·감독을 행하거나 관련 법령·제도를 관장하는 「정부조직법」에 의한 중앙행정기관으로서 대통령령으로 정하는 행정기관을 말한다.
④ 법령에 의하여 교통수단·교통시설 또는 교통체계의 운행·운항·설치 또는 운영 등에 관하여 교통사업자에 대한 지도·감독을 행하는 지정행정기관의 장, 특별시장·광역시장·도지사·특별자치도지사(이하 "시·도지사"라 한다) 또는 시장·군수·구청장(자치구의 구청장을 말한다. 이하 같다)을 말한다.

해설

교통안전법 제2조(정의)
5. "지정행정기관"이라 함은 교통수단·교통시설 또는 교통체계의 운행·운항·설치 또는 운영 등에 관하여 지도·감독을 행하거나 관련 법령·제도를 관장하는 「정부조직법」에 의한 중앙행정기관으로서 대통령령으로 정하는 행정기관을 말한다.
6. "교통행정기관"이라 함은 법령에 의하여 교통수단·교통시설 또는 교통체계의 운행·운항·설치 또는 운영 등에 관하여 교통사업자에 대한 지도·감독을 행하는 지정행정기관의 장, 특별시장·광역시장·도지사·특별자치도지사(이하 "시·도지사"라 한다) 또는 시장·군수·구청장(자치구의 구청장을 말한다. 이하 같다)을 말한다.
8. "교통수단안전점검"이란 교통행정기관이 이 법 또는 관계법령에 따라 소관 교통수단에 대하여 교통안전에 관한 위험요인을 조사·점검 및 평가하는 모든 활동을 말한다.
9. "교통시설안전진단"이란 육상교통·해상교통 또는 항공교통의 안전(이하 "교통안전"이라 한다)과 관련된 조사·측정·평가업무를 전문적으로 수행하는 교통안전진단기관이 교통시설에 대하여 교통안전에 관한 위험요인을 조사·측정 및 평가하는 모든 활동을 말한다.

09 교통시설설치·관리자는 해당 교통시설을 설치 또는 관리하는 교통시설설치·관리자의 의무로 옳지 않은 것은?

① 교통안전시설 확충·정비
② 교통표지시설 확충
③ 교통표지시설 정비
④ 교통수단의 확충·정비

해설

교통안전법 제4조(교통시설설치·관리자의 의무)
교통시설설치·관리자는 해당 교통시설을 설치 또는 관리하는 경우 교통안전표지 그 밖의 교통안전시설을 확충·정비하는 등 교통안전을 확보하기 위한 필요한 조치를 강구하여야 한다. 〈개정 2020. 6. 9.〉

중

10 국가가 교통수단에 교통안전장치 장착을 의무화할 경우 비용 지원을 해야 하는 사업자로 옳지 않은 것은?

① 여객자동차 운송사업자
② 화물자동차 운송가맹사업자
③ 화물자동차 운송사업자
④ 여객자동차 대여사업자

해설

교통안전법 제9조(재정 및 금융조치)
① 국가등은 교통안전에 관한 시책의 원활한 실시를 위하여 예산의 확보, 재정지원 등 재정·금융상의 필요한 조치를 강구하여야 한다. 〈개정 2011. 5. 19.〉
② 국가등은 이 법에 따라 다음 각 호의 어느 하나에 해당하는 자에게 교통안전장치 장착을 의무화할 경우 이에 따른 비용을 대통령령으로 정하는 바에 따라 지원할 수 있다. 〈신설 2011. 5. 19., 2020. 6. 9.〉
  1. 「여객자동차 운수사업법」에 따른 여객자동차운송사업자
  2. 「화물자동차 운수사업법」에 따른 화물자동차 운송사업자 또는 화물자동차 운송가맹사업자
  3. 「도로교통법」 제52조에 따른 어린이통학버스(제55조제1항제1호에 따라 운행기록장치를 장착한 차량은 제외한다) 운영자

하

11 교통안전관리자 자격시험의 시험실시계획에 대한 설명으로 옳지 않은 것은?

① 일간신문에 공고하여야 한다.
② 시험 시행일 15일 전까지 공고하여야 한다.
③ 한국교통안전공단 인터넷 홈페이지에 공고하여야 한다.
④ 시험일정과 응시과목 등 시험의 시행에 필요한 사항을 공고하여야 한다.

해설

교통안전법 시행규칙 제18조(시험실시계획의 수립 등)
① 한국교통안전공단은 법 제53조제2항에 따른 교통안전관리자 시험(이하 "시험"이라 한다)을 매년 실시하여야 하며, 시험을 실시하기 전에 교통안전관리자의 수급상황을 파악하여 시험의 실시에 관한 계획을 국토교통부장관에게 제출하여야 한다. 〈개정 2013. 3. 23., 2018. 1. 12., 2018. 4. 25.〉
② 한국교통안전공단은 시험을 시행하려면 시험 시행일 90일 전까지 시험일정과 응시과목 등 시험의 시행에 필요한 사항을 「신문 등의 진흥에 관한 법률」 제9조제1항에 따라 보급지역을 전국으로 하여 등록한 일간신문(이하 "일간신문"이라 한다) 및 한국교통안전공단 인터넷 홈페이지에 공고하여야 한다. 〈개정 2012. 5. 4., 2018. 4. 25.〉

정답 10 ④ 11 ②

02 교통안전정책심의기구

---

01 다음 중 교통안전에 관한 주요 정책과 교통안전법에 따른 국가교통안전기본계획에 대해 심의하는 곳은?

① 지방교통위원회
② 국가교통위원회
③ 도로교통위원회
④ 시 · 군 · 구교통안전위원회

해설

교통안전법 제12조(교통안전에 관한 주요 정책 등 심의) 교통안전에 관한 주요 정책과 제15조에 따른 국가교통안전기본계획 등은 「국가통합교통체계효율화법」 제106조에 따른 국가교통위원회(이하 "국가교통위원회"라 한다)에서 심의한다.
[전문개정 2009. 6. 9.]

정답   01 ②

03 | 국가교통안전기본계획 등

● 하 ●
01 다음 중 국가의 전반적인 교통안전수준의 향상을 도모하기 위하여 교통안전에 관한 기본계획(이하 "국가교통안전기본계획"이라 한다)의 수립 주기로 옳은 것은?

① 1년
② 3년
③ 5년
④ 7년

해설

교통안전법 제15조(국가교통안전기본계획)
① 국토교통부장관은 국가의 전반적인 교통안전수준의 향상을 도모하기 위하여 교통안전에 관한 기본계획(이하 "국가교통안전기본계획"이라 한다)을 5년 단위로 수립하여야 한다. 〈개정 2008. 2. 29., 2013. 3. 23.〉

● 중 ●
02 국가교통안전기본계획에 포함되는 사항으로 옳지 않은 것은?

① 교통안전에 관한 중·장기 종합정책방향
② 부문별 교통사고의 발생분쟁 해소
③ 교통수단·교통시설별 교통사고 감소목표
④ 교통안전정책의 추진성과에 대한 분석·평가

해설

교통안전법 제15조(국가교통안전기본계획)
② 국가교통안전기본계획에는 다음 각 호의 사항이 포함되어야 한다.
  1. 교통안전에 관한 중·장기 종합정책방향
  2. 육상교통·해상교통·항공교통 등 부문별 교통사고의 발생현황과 원인의 분석

3. 교통수단·교통시설별 교통사고 감소목표
4. 교통안전지식의 보급 및 교통문화 향상목표
5. 교통안전정책의 추진성과에 대한 분석·평가
6. 교통안전정책의 목표달성을 위한 부문별 추진전략
7. 부문별·기관별·연차별 세부 추진계획 및 투자계획
8. 교통안전표지·교통관제시설·항행안전시설 등 교통안전시설의 정비·확충에 관한 계획
9. 교통안전 전문인력의 양성
10. 교통안전과 관련된 투자사업계획 및 우선순위
11. 지정행정기관별 교통안전대책에 대한 연계와 집행력 보완방안
12. 그 밖에 교통안전수준의 향상을 위한 교통안전시책에 관한 사항

● 하 ●
03 다음 중 지정행정기관의 장은 다음 연도의 소관별 교통안전시행계획안을 수립하여 매년 몇월 말까지 국토교통부장관에게 제출하여야 하는가?

① 3월
② 6월
③ 10월
④ 11월

해설

교통안전법 시행령 제12조(국가교통안전시행계획의 수립)
① 법 제16조제1항에 따라 지정행정기관의 장은 다음 연도의 소관별 교통안전시행계획안을 수립하여 매년 10월 말까지 국토교통부장관에게 제출하여야 한다.

정답 　 01 ③　 02 ②　 03 ③

04 시 · 도지사는 지역교통안전기본계획을 확정한 날부터 며칠 이내에 국토교통부장관에게 제출해야 하는가?

① 7일 이내
② 10일 이내
③ 20일 이내
④ 30일 이내

해설

교통안전법 시행령 제13조(지역교통안전기본계획의 수립)
③ 시 · 도지사등은 제2항에 따라 지역교통안전기본계획을 확정한 때에는 확정한 날부터 20일 이내에 시 · 도지사는 국토교통부장관에게 이를 제출하고, 시장 · 군수 · 구청장은 시 · 도지사에게 이를 제출하여야 한다.

05 시 · 도지사 및 시장 · 군수 · 구청장(이하 "시 · 도지사등"이라 한다)은 각각 계획연도 시작 언제까지 시 · 도교통안전기본계획 또는 시 · 군 · 구교통안전기본계획(이하 "지역교통안전기본계획"이라 한다)을 확정하여야 하는가?

① 매년 1월 말까지
② 전년도 2월 말까지
③ 전년도 6월 말까지
④ 전년도 10월 말까지

해설

교통안전법 시행령 제13조(지역교통안전기본계획의 수립)
② 법 제17조제3항에 따라 시 · 도지사 및 시장 · 군수 · 구청장(이하 "시 · 도지사등"이라 한다)은 각각 계획연도 시작 전년도 10월 말까지 시 · 도교통안전기본계획 또는 시 · 군 · 구교통안전기본계획(이하 "지역교통안전기본계획"이라 한다)을 확정하여야 한다.

04 | 교통안전에 관한 기본시책

01 교통시설설치 · 관리자등이 교통안전법에 따른 교통안전관리규정(이하 "교통안전관리규정"이라 한다)을 제출하여야 하는 시기로 옳은 것은?

① 교통시설설치 · 관리자등의 범위 어느 하나에 해당하게 된 날부터 3개월 이내
② 교통시설설치 · 관리자등의 범위 어느 하나에 해당하게 된 날부터 6개월 이내
③ 교통시설설치 · 관리자등의 범위 어느 하나에 해당하게 된 날부터 10개월 이내
④ 교통시설설치 · 관리자등의 범위 어느 하나에 해당하게 된 날부터 1년의 범위에서 국토교통부령으로 정하는 기간 이내

해설

교통안전법 시행령 제17조(교통안전관리규정의 제출시기)
① 교통시설설치 · 관리자등이 법 제21조제1항에 따른 교통안전관리규정(이하 "교통안전관리규정"이라 한다)을 제출하여야 하는 시기는 다음 각 호의 구분에 따른다. 〈개정 2008. 2. 29., 2013. 3. 23.〉
  1. 교통시설설치 · 관리자 : 별표 1 제1호의 어느 하나에 해당하게 된 날부터 6개월 이내
  2. 교통수단운영자 : 별표 1 제2호의 어느 하나에 해당하게 된 날부터 1년의 범위에서 국토교통부령으로 정하는 기간 이내

02 국가 및 시 · 도지사등은 교통안전법에 따라 어린이, 노인 및 장애인(이하 이 조에서 "어린이등"이라 한다)의 교통안전 체험을 위한 교육시설(이하 이 조에서 "교통안전 체험시설"이라 한다)을 설치할 때 설치 기준 및 방법에 해당되는 것으로 옳은 것은?

① 교통안전 체험시설에 설치하는 항행안전시설 등이 관계 법령에 따른 기준과 일치할 것
② 어린이등이 자전거를 운전할 때 안전한 운전방법을 익힐 수 있는 자전거 교육시설을 갖출 것
③ 어린이등이 교통수단의 운영체계를 이해할 수 있도록 도로 · 철도 등의 시설을 관계 법령에 맞게 배치할 것
④ 어린이등이 교통사고 예방법을 습득할 수 있도록 교통의 위험상황을 재현할 수 있는 영상장치 등 시설 · 장비를 갖출 것

해설

교통안전법 시행령 제19조의2(교통안전 체험시설의 설치기준 등)
① 국가 및 시 · 도지사등은 법 제23조제3항에 따라 어린이, 노인 및 장애인(이하 이 조에서 "어린이등"이라 한다)의 교통안전 체험을 위한 교육시설(이하 이 조에서 "교통안전 체험시설"이라 한다)을 설치할 때에는 다음 각 호의 설치 기준 및 방법에 따른다. 〈개정 2016. 7. 19.〉
  1. 어린이등이 교통사고 예방법을 습득할 수 있도록 교통의 위험상황을 재현할 수 있는 영상장치 등 시설 · 장비를 갖출 것
  2. 어린이등이 자전거를 운전할 때 안전한 운전방법을 익힐 수 있는 체험시설을 갖출 것
  3. 어린이등이 교통시설의 운영체계를 이해할 수 있도록 보도 · 횡단보도 등의 시설을 관계 법령에 맞게 배치할 것
  4. 교통안전 체험시설에 설치하는 교통안전표지 등이 관계 법령에 따른 기준과 일치할 것

03 교통안전도 평가지수에서 교통사고 발생건수의 가중치로 옳은 것은?

① 0.3 　　　　② 0.4
③ 0.6 　　　　④ 0.7

해설

교통안전법 시행령 제20조(교통수단안전점검의 대상 등) 제3항3호 별표 3의 2

교통안전도 평가지수 $= \dfrac{(교통사고\,발생건수 \times 0.4) + (교통사고사상자수 \times 0.6)}{자동차등록\,(면허)\,대수} \times 10$

[비고]

1. 교통사고는 직전연도 1년간의 교통사고를 기준으로 하며, 다음 각 목과 같이 구분한다.

   가. 사망사고 : 교통사고가 주된 원인이 되어 교통사고 발생 시부터 30일 이내에 사람이 사망한 사고

   나. 중상사고 : 교통사고로 인하여 다친 사람이 의사의 최초 진단 결과 3주 이상의 치료가 필요한 상해를 입은 사고

   다. 경상사고 : 교통사고로 인하여 다친 사람이 의사의 최초 진단 결과 5일 이상 3주 미만의 치료가 필요한 상해를 입은 사고

2. 교통사고 발생건수 및 교통사고 사상자 수 산정 시 경상사고 1건 또는 경상자 1명은 '0.3', 중상사고 1건 또는 중상자 1명은 '0.7', 사망사고 1건 또는 사망자 1명은 '1'을 각각 가중치로 적용하되, 교통사고 발생건수의 산정 시, 하나의 교통사고로 여러 명이 사망 또는 상해를 입은 경우에는 가장 가중치가 높은 사고를 적용한다.

3. 자동차 등록(면허) 대수가 변동되었을 때의 교통안전도 평가지수 계산은 다음 계산식에 따른다.

   $\dfrac{변동\,전\,(교통사고\,발생건수 \times 0.4) + (교통사고사상자수 \times 0.6)}{변동\,전\,자동차등록(면허)\,대수} \times 10 + \dfrac{변동\,후\,(교통사고\,발생건수 \times 0.4) + (교통사고사상자수 \times 0.6)}{변동\,후\,자동차등록(면허)\,대수} \times 10$

04 교통사고 발생건수 및 교통사고 사상자 수 산정 시 경상사고 1건 또는 경상자 1명에 대한 가중치로 옳은 것은?

① 0.3 　　　　② 0.4
③ 0.7 　　　　④ 1

해설

3번 문제 해설 참조

05 교통사고가 주된 원인이 되어 교통사고 발생 시부터 며칠 이내로 사람이 사망하면 사망사고로 보는가?

① 30일 　　　　② 60일
③ 90일 　　　　④ 120일

해설

3번 문제 해설 참조

06 교통사고 발생건수 및 교통사고 사상자 수 산정 시 중상사고 1건 또는 중상자 1명에 대한 가중치로 옳은 것은?

① 0.3 　　　　② 0.4
③ 0.7 　　　　④ 1

해설

3번 문제 해설 참조

07 교통사고 발생건수 및 교통사고 사상자 수 산정 시 사망사고 1건 또는 사망자 1명에 대한 가중치로 옳은 것은?

① 0.3 　　　　② 0.7
③ 1 　　　　④ 1.2

해설

3번 문제 해설 참조

정답 　03 ② 　04 ① 　05 ① 　06 ③ 　07 ③

08 차량운전자가 교통수단운영자의 차량을 운전하던 중 1건의 교통사고로 몇 주 이상의 치료를 요하여 의사의 진단을 받은 피해자가 발생한 것을 중대교통사고로 보는가?

① 2주
② 4주
③ 6주
④ 8주

해설

중대 교통사고의 기준 및 교육실시 – 교통안전법 시행규칙 제31조의2

② 법 제56조의2제2항에서 "중대 교통사고"란 차량운전자가 교통수단운영자의 차량을 운전하던 중 1건의 교통사고로 8주 이상의 치료를 요하는 의사의 진단을 받은 피해자가 발생한 사고를 말한다.

정답 08 ④

05 교통안전에 관한 세부시책

하
01 다음 중 교통안전법상 교통수단안전점검 대상으로 옳지 않은 것은?

① 여객자동차
② 철도차량
③ 항공기
④ 선박

해설

교통안전법 시행령 제20조(교통수단안전점검의 대상 등)
① 법 제33조제1항에 따른 교통수단안전점검의 대상은 다음 각 호와 같다. 〈개정 2017. 9. 19.〉
　1. 「여객자동차 운수사업법」에 따른 여객자동차운송사업자가 보유한 자동차 및 그 운영에 관련된 사항
　2. 「화물자동차 운수사업법」에 따른 화물자동차 운송사업자가 보유한 자동차 및 그 운영에 관련된 사항
　3. 「건설기계관리법」에 따른 건설기계사업자가 보유한 건설기계(같은 법 제26조제1항 단서에 따라 「도로교통법」에 따른 운전면허를 받아야 하는 건설기계에 한정한다) 및 그 운영에 관련된 사항
　4. 「철도사업법」에 따른 철도사업자 및 전용철도운영자가 보유한 철도차량 및 그 운영에 관련된 사항
　5. 「도시철도법」에 따른 도시철도운영자가 보유한 철도차량 및 그 운영에 관련된 사항
　6. 「항공사업법」에 따른 항공운송사업자가 보유한 항공기(「항공안전법」 제3조 및 제4조를 적용받는 군용항공기 등과 국가기관등항공기는 제외한다) 및 그 운영에 관련된 사항
　7. 그 밖에 국토교통부령으로 정하는 어린이 통학버스 및 위험물 운반자동차 등 교통수단안전점검이 필요하다고 인정되는 자동차 및 그 운영에 관련된 사항

중
02 다음 중 교통안전진단기관에 등록할 수 없는 결격사유로 옳지 않은 것은?

① 피성년후견인 또는 피한정후견인
② 파산선고를 받고 복권되지 아니한 자
③ 교통안전법을 위반하여 징역형의 집행유예를 선고받고 그 유예기간 중에 있는 자
④ 교통안전법을 위반하여 징역형의 실형을 선고받고 그 집행이 종료(집행이 종료된 것으로 보는 경우를 포함한다)되거나 집행이 면제된 날부터 1년이 지나지 아니한 자

해설

교통안전법 제41조(결격사유)
다음 각 호의 어느 하나에 해당하는 자는 교통안전진단기관으로 등록할 수 없다. 〈개정 2015. 12. 29., 2017. 1. 17., 2020. 6. 9.〉
1. 피성년후견인 또는 피한정후견인
2. 파산선고를 받고 복권되지 아니한 자
3. 이 법을 위반하여 징역형의 실형을 선고받고 그 집행이 종료(집행이 종료된 것으로 보는 경우를 포함한다)되거나 집행이 면제된 날부터 2년이 지나지 아니한 자
4. 이 법을 위반하여 징역형의 집행유예를 선고받고 그 유예기간 중에 있는 자
5. 제43조에 따라 교통안전진단기관의 등록이 취소된 후 2년이 지나지 아니한 자. 다만, 제43조제3호 중 제41조제1호 및 제2호에 해당하여 등록이 취소된 경우는 제외한다.
6. 임원 중에 제1호부터 제5호까지의 어느 하나에 해당하는 자가 있는 법인

정답 　01 ④　02 ④

03 교통사고와 관련된 자료 · 통계 또는 정보(이하 "교통사고관련자료등"이라 한다)를 보관 · 관리하는 자는 교통사고가 발생한 날부터 얼마나 이를 보관 · 관리할 수가 있는가?

① 1년
② 3년
③ 5년
④ 10년

해설

교통안전법 시행령 제38조(교통사고관련자료등의 보관 · 관리)
① 법 제51조제1항 · 제2항에 따라 교통사고와 관련된 자료 · 통계 또는 정보(이하 "교통사고관련자료등"이라 한다)를 보관 · 관리하는 자는 교통사고가 발생한 날부터 5년간 이를 보관 · 관리하여야 한다.

04 다음 중 교통안전관리자 자격의 종류로 옳지 않은 것은?

① 도로교통안전관리자
② 철도교통안전관리자
③ 항만교통안전관리자
④ 공항교통안전관리자

해설

교통안전법 시행령 제41조의2(교통안전관리자 자격의 종류)
법 제53조제1항에 따른 교통안전관리자 자격의 종류는 다음 각 호와 같다.
  1. 도로교통안전관리자
  2. 철도교통안전관리자
  3. 항공교통안전관리자
  4. 항만교통안전관리자
  5. 삭도교통안전관리자

05 다음 중 교통시설설치 · 관리자등은 법 제54조의2제1항에 따라 교통안전담당자를 지정 또는 지정해지하거나 교통안전담당자가 퇴직한 경우에는 지체 없이 그 사실을 관할 교통행정기관에 알리고, 지정해지 또는 퇴직한 날부터 며칠 이내에 다른 교통안전담당자를 지정해야 하는가?

① 7일 이내
② 10일 이내
③ 30일 이내
④ 60일 이내

해설

교통안전법 시행령 제44조(교통안전담당자의 지정)
③ 교통시설설치 · 관리자등은 법 제54조의2제1항에 따라 교통안전담당자를 지정 또는 지정해지하거나 교통안전담당자가 퇴직한 경우에는 지체 없이 그 사실을 관할 교통행정기관에 알리고, 지정해지 또는 퇴직한 날부터 30일 이내에 다른 교통안전담당자를 지정해야 한다.

06 다음 중 교통안전담당자의 직무로 옳지 않은 것은?

① 교통사고 원인 조사 · 분석 및 기록 유지
② 운행기록장치 및 차로이탈경고장치 등의 점검 및 관리
③ 교통안전관리규정의 시행 및 그 기록의 보관 · 관리
④ 교통수단의 운행 · 운항 또는 항행(이하 이 조에서 "운행등"이라 한다) 또는 교통시설의 운영 · 관리와 관련된 안전점검의 지도 · 감독

해설

교통안전법 시행령 제44조의2(교통안전담당자의 직무)
① 교통안전담당자의 직무는 다음 각 호와 같다. 〈개정 2018. 12. 24.〉
  1. 교통안전관리규정의 시행 및 그 기록의 작성 · 보존
  2. 교통수단의 운행 · 운항 또는 항행(이하 이 조에서 "운행등"이라 한다) 또는 교통시설의 운영 · 관리와 관련

정답 03 ③ 04 ④ 05 ③ 06 ③

된 안전점검의 지도 · 감독
3. 교통시설의 조건 및 기상조건에 따른 안전 운행등에 필요한 조치
4. 법 제24조제1항에 따른 운전자등(이하 "운전자등"이라 한다)의 운행등 중 근무상태 파악 및 교통안전 교육 · 훈련의 실시
5. 교통사고 원인 조사 · 분석 및 기록 유지
6. 운행기록장치 및 차로이탈경고장치 등의 점검 및 관리

07 교통안전담당자의 직무로서 먼저 조치하고 교통사업자에게 차후 보고해도 되는 업무 종류로 옳지 않은 것은?

① 교통수단의 운행등의 계획 변경
② 교통안전을 해치는 행위를 한 차량 운전자등에 대한 징계
③ 교통수단의 정비
④ 운전자등의 승무계획 변경

해설

교통안전법 시행령 제44조의2(교통안전담당자의 직무)
③ 교통안전담당자는 교통안전을 위해 필요하다고 인정하는 경우에는 다음 각 호의 조치를 교통시설설치 · 관리자등에게 요청해야 한다. 다만, 교통안전담당자가 교통시설설치 · 관리자등에게 필요한 조치를 요청할 시간적 여유가 없는 경우에는 직접 필요한 조치를 하고, 이를 교통시설설치 · 관리자등에게 보고해야 한다. 〈개정 2008. 2. 29., 2013. 3. 23., 2018. 12. 24.〉
1. 국토교통부령으로 정하는 교통수단의 운행등의 계획 변경
2. 교통수단의 정비
3. 운전자등의 승무계획 변경
4. 교통안전 관련 시설 및 장비의 설치 또는 보완
5. 교통안전을 해치는 행위를 한 운전자등에 대한 징계 건의

08 한국교통안전공단은 전년도 교육인원 등 실적을 언제까지 국토교통부장관에게 제출해야 하는가?

① 매년 11월 30일
② 6개월 이내에 1회
③ 2년마다 1회
④ 다음 연도 2월 말일

해설

교통안전법 시행령 제44조의3(교통안전담당자에 대한 교육)
④ 한국교통안전공단은 전년도 교육인원 등 실적을 다음 연도 2월 말일까지 국토교통부장관에게 제출해야 한다.

09 교통안전체험연구 · 교육시설에서 교육하거나 체험할 수 있는 내용에 대해 옳지 않은 것은?

① 상황별 안전운전 실습
② 모의상황에 따른 임기응변 실험
③ 교통사고에 관한 모의실험
④ 비상상황에 대한 대처능력 향상을 위한 실습 및 교정

해설

교통안전법 시행령 제46조(교통안전체험에 관한 연구 · 교육시설의 설치 · 운영)
② 교통안전체험연구 · 교육시설은 다음 각 호의 내용을 체험할 수 있도록 하여야 한다.
1. 교통사고에 관한 모의실험
2. 비상상황에 대한 대처능력 향상을 위한 실습 및 교정
3. 상황별 안전운전 실습

정답 07 ② 08 ④ 09 ②

10 국토교통부장관은 부정한 방법으로 시험에 응시한 사람 또는 시험에서 부정행위를 한 사람에 대하여는 그 시험을 정지시키거나 무효로 한다. 시험이 정지되거나 무효로 된 사람은 그 처분이 있는 날부터 얼마나 시험에 응시할 수 없는가?

① 1년
② 2년
③ 3년
④ 4년

해설

교통안전법 제53조의2(부정행위자에 대한 제재)
① 국토교통부장관은 부정한 방법으로 제53조제2항에 따른 시험에 응시한 사람 또는 시험에서 부정행위를 한 사람에 대하여는 그 시험을 정지시키거나 무효로 한다.
② 제1항에 따라 시험이 정지되거나 무효로 된 사람은 그 처분이 있는 날부터 2년간 제53조제2항에 따른 시험에 응시할 수 없다.

11 다음 중 국토교통부장관이 한국교통안전공단에 업무를 위탁할 수 있는 것으로 옳지 않은 것은?

① 규정에 따른 교통수단안전점검
② 규정에 따른 교통안전우수사업자의 지정 및 지정 취소
③ 규정에 따른 교통시설안전진단 실시결과의 평가와 평가에 필요한 관련 자료의 제출 요구
④ 규정에 따른 보고 · 자료제출 명령, 출입 · 검사 명령 등과 검사계획의 통지

해설

교통안전법 시행령 제48조의2(업무의 위탁)
① 국토교통부장관은 법 제59조제3항에 따라 다음 각 호의 업무를 한국교통안전공단에 위탁한다. 〈신설 2017. 9. 19., 2018. 12. 24.〉
   1. 법 제33조제6항에 따른 교통수단안전점검
   2. 법 제35조의2제1항 및 제3항에 따른 교통안전우수사업자의 지정 및 지정 취소

   3. 법 제45조제1항 및 제2항에 따른 교통시설안전진단 실시결과의 평가와 평가에 필요한 관련 자료의 제출 요구
   4. 법 제53조제2항에 따른 시험의 실시 및 자격증명서의 발급

12 다음 중 교통안전관리자 자격증명서를 교부하는 사람으로 옳은 것은?

① 시 · 도지사
② 국토교통부장관
③ 교통행정기관의 장
④ 한국교통안전공단 이사장

해설

교통안전법 제53조(교통안전관리자 자격의 취득 등)
② 교통안전관리자 자격을 취득하려는 사람은 국토교통부장관이 실시하는 시험에 합격하여야 하며, 국토교통부장관은 시험에 합격한 사람에 대하여는 교통안전관리자 자격증명서를 교부한다. 〈개정 2008. 2. 29., 2013. 3. 23., 2017. 12. 26.〉

13 다음 중 교통행정기관의 제출 요청이 없더라도 주기적으로 운행기록을 제출해야 하는 업종에 해당하는 것은?

① 개인택시
② 일반화물차
③ 시외버스
④ 전세버스

해설

교통안전법 제55조(운행기록장치의 장착 및 운행기록의 활용 등)
② 제1항에 따라 운행기록장치를 장착하여야 하는 자(이하 "운행기록장치 장착의무자"라 한다)는 운행기록장치에 기록된 운행기록을 대통령령으로 정하는 기간 동안 보관하여야 하며, 교통행정기관이 제출을 요청하는 경우 이에 따라야 한다. 다만, 대통령령으로 정하는 운행기록

정답 10 ② 11 ④ 12 ② 13 ③

장치 장착의무자는 교통행정기관의 제출 요청과 관계없이 운행기록을 주기적으로 제출하여야 한다. 이 경우 운행기록장치 장착의무자는 운행기록장치에 기록된 운행기록을 임의로 조작하여서는 아니 된다. 〈개정 2017. 3. 21., 2017. 10. 24., 2020. 6. 9.〉

교통안전법 시행령 제45조(운행기록장치의 장착시기 및 보관기간)
③ 법 제55조제2항 단서에서 "대통령령으로 정하는 운행기록장치 장착의무자"란 「여객자동차 운수사업법」 제4조에 따라 면허를 받은 노선 여객자동차운송사업자를 말한다. 〈신설 2018. 4. 24.〉

14 운행하는 차량 중 차로이탈경고장치의 장착을 해야 하는 것으로 옳은 것은?

① 시내버스
② 피견인자동차
③ 덤프형 화물자동차
④ 시외버스

해설

교통안전법 제55조의2(차로이탈경고장치의 장착)
제55조제1항제1호 또는 제2호에 따른 차량 중 국토교통부령으로 정하는 차량은 국토교통부령으로 정하는 기준에 적합한 차로이탈경고장치를 장착하여야 한다.

교통안전법 시행규칙 제30조의2(차로이탈경고장치의 장착)
① 법 제55조의2에서 "국토교통부령으로 정하는 차량"이란 길이 9미터 이상의 승합자동차 및 차량총중량 20톤을 초과하는 화물·특수자동차를 말한다. 다만, 다음 각 호의 어느 하나에 해당하는 자동차는 제외한다. 〈개정 2018. 1. 5., 2019. 1. 18.〉
1. 「자동차관리법 시행규칙」 별표 1 제2호에 따른 덤프형 화물자동차
2. 피견인자동차
3. 「자동차 및 자동차부품의 성능과 기준에 관한 규칙」 제28조에 따라 입석을 할 수 있는 자동차
4. 그 밖에 자동차의 구조나 운행여건 등으로 설치가 곤란하거나 불필요하다고 국토교통부장관이 인정하는 자동차

15 다음 중 교통수단안전점검에 대한 설명으로 옳지 않은 것은?

① 교통행정기관은 소관 교통수단에 대한 교통안전 실태를 파악하기 위하여 주기적으로 또는 수시로 교통수단안전점검을 실시할 수 있다.
② 교통행정기관은 교통수단안전점검을 실시한 결과 교통안전을 저해하는 요인이 발견된 경우 그 개선대책을 수립·시행하여야 하며, 교통시설 설치·관리자에게 개선사항을 권고할 수 있다.
③ 교통행정기관은 교통수단안전점검을 효율적으로 실시하기 위하여 관련 교통수단운영자로 하여금 필요한 보고를 하게 하거나 관련 자료를 제출하게 할 수 있으며, 필요한 경우 소속 공무원으로 하여금 교통수단운영자의 사업장 등에 출입하여 교통수단 또는 장부·서류나 그 밖의 물건을 검사하게 하거나 관계인에게 질문하게 할 수 있다.
④ 사업장을 출입하여 검사하려는 경우에는 출입·검사 7일 전까지 검사일시·검사이유 및 검사내용 등을 포함한 검사계획을 교통수단운영자에게 통지하여야 한다. 다만, 증거인멸 등으로 검사의 목적을 달성할 수 없다고 판단되는 경우에는 검사일에 검사계획을 통지할 수 있다.

해설

교통안전법 제33조(교통수단안전점검)
① 교통행정기관은 소관 교통수단에 대한 교통안전 실태를 파악하기 위하여 주기적으로 또는 수시로 교통수단안전점검을 실시할 수 있다.
② 교통행정기관은 제1항에 따른 교통수단안전점검을 실시한 결과 교통안전을 저해하는 요인이 발견된 경우 그 개선대책을 수립·시행하여야 하며, 교통수단운영자에게 개선사항을 권고할 수 있다.
③ 교통행정기관은 교통수단안전점검을 효율적으로 실시하기 위하여 관련 교통수단운영자로 하여금 필요한 보고를 하게 하거나 관련 자료를 제출하게 할 수 있으며,

필요한 경우 소속 공무원으로 하여금 교통수단운영자의 사업장 등에 출입하여 교통수단 또는 장부·서류나 그 밖의 물건을 검사하게 하거나 관계인에게 질문하게 할 수 있다.

④ 제3항에 따라 사업장을 출입하여 검사하려는 경우에는 출입·검사 7일 전까지 검사일시·검사이유 및 검사내용 등을 포함한 검사계획을 교통수단운영자에게 통지하여야 한다. 다만, 증거인멸 등으로 검사의 목적을 달성할 수 없다고 판단되는 경우에는 검사일에 검사계획을 통지할 수 있다.

⑤ 제3항에 따라 출입·검사를 하는 공무원은 그 권한을 표시하는 증표를 내보이고 성명·출입시간 및 출입목적 등이 표시된 문서를 교부하여야 한다.

⑥ 제1항에도 불구하고 국토교통부장관은 대통령령으로 정하는 교통수단과 관련하여 대통령령으로 정하는 기준 이상의 교통사고가 발생한 경우 해당 교통수단에 대하여 교통수단안전점검을 실시하여야 한다.

⑦ 국토교통부장관은 제6항에 따른 교통수단안전점검을 실시한 결과 교통안전을 저해하는 요인이 발견된 경우에는 그 결과를 소관 교통행정기관에 통보하여야 한다.

⑧ 제7항에 따라 교통수단안전점검 결과를 통보받은 교통행정기관은 교통안전 저해요인을 제거하기 위하여 필요한 조치를 하고 국토교통부장관에게 그 조치의 내용을 통보하여야 한다.

⑨ 제1항 및 제6항에 따른 교통수단안전점검에 필요한 대상·기준·시기 및 항목 등에 관하여 필요한 사항은 대통령령으로 정한다.

[전문개정 2017. 1. 17.]

16 다음 중 교통수단안전점검을 실시하는 주체로 옳은 것은?

① 교통행정기관
② 국토교통부장관
③ 관할 구청 공무원
④ 한국교통안전공단의 임직원

해설

15번 문제 해설 참조

17 도로 분야의 교통시설안전진단 측정장비로 옳지 않은 것은?

① 노면 미끄럼 저항 측정기
② 반사성능 측정기
③ 워킹메저(Walking-Measure)
④ 충돌방지장치 기능 측정기

해설

도로 분야의 교통시설안전진단 측정장비 - 교통안전법 시행규칙 제11조의 별표 1
① 노면 미끄럼 저항 측정기
② 반사성능 측정기
③ 조도계(照度計)
④ 평균휘도계[광원(光源) 단위 면적당 밝기의 평균 측정기]
⑤ 거리 및 경사 측정기
⑥ 속도 측정장비
⑦ 계수기(計數器)
⑧ 워킹메저(Walking-Measure)
⑨ 위성항법장치(GPS)
⑩ 그 밖의 부대설비(컴퓨터 포함) 및 프로그램

정답 16 ① 17 ④

06 | 보칙 및 벌칙

01
다음 중 교통안전진단기관 등록을 취소하거나 규정에 따른 교통안전관리자 자격의 취소를 할 때 올바른 것은?

① 과태료 부과
② 결격사유 작성
③ 청문 실시
④ 취소 승인 심의

해설

교통안전법 제61조(청문)
시·도지사는 다음 각 호의 어느 하나에 해당하는 처분을 하고자 하는 경우에는 청문을 실시하여야 한다. 〈개정 2008. 2. 29., 2012. 6. 1., 2017. 1. 17.〉
1. 제43조에 따른 교통안전진단기관 등록의 취소
2. 제54조제1항의 규정에 따른 교통안전관리자 자격의 취소

02
다음 중 반드시 청문을 실시해야 하는 경우로 옳은 것은?

① 교통안전관리자 자격 발급
② 교통안전진단기관 등록 연장
③ 교통안전관리자 자격의 취소
④ 교통안전관리자 자격 평가 검토

해설

1번 문제 해설 참조

03
다음 중 교통안전법 제21조 제1항부터 제3항까지의 규정을 위반하여 교통안전관리규정을 제출하지 않거나 이를 준수하지 않은 경우 또는 변경명령에 따르지 않은 경우에 과태료 금액으로 옳은 것은?

① 1천만원 이하   ② 500만원
③ 300만원   ④ 200만원

해설

교통안전법 시행령 제49조 별표 9(과태료의 부과기준)

위반행위	근거 법조문	과태료		
		1차	2차	3차 이상
가. 법 제21조제1항부터 제3항까지의 규정을 위반하여 교통안전관리규정을 제출하지 않거나 이를 준수하지 않은 경우 또는 변경명령에 따르지 않은 경우	법 제65조 제2항제1호	200만원		
나. 법 제33조제1항 또는 제6항에 따른 교통수단안전점검을 거부·방해 또는 기피한 경우	법 제65조 제2항제2호	300만원		
다. 법 제33조제3항을 위반하여 보고를 하지 않거나 거짓으로 보고한 경우 또는 자료제출요청을 거부·기피·방해하거나 관계공무원의 질문에 대하여 거짓으로 진술한 경우	법 제65조 제2항제3호	300만원		

위반행위	근거 법조문	과태료		
		1차	2차	3차 이상
라. 법 제34조제5항에 따른 교통시설안 전진단을 받지 않 거나 교통시설안 전진단보고서를 거짓으로 제출한 경우	법 제65조 제1항제2호	600만원		
마. 법 제40조제1항에 따른 신고를 하지 않거나 거짓으로 신고한 경우	법 제65조 제2항제4호	100만원		
바. 법 제40조제2항에 따른 신고를 하지 않고 교통시설안 전진단업무를 휴 업·재개업 또는 폐업하거나 거짓 으로 신고한 경우	법 제65조제2 항제5호	100만원		
사. 법 제47조제1항을 위반하여 보고를 하지 않거나 거짓 으로 보고한 경우 또는 자료제출요 청을 거부·기 피·방해한 경우	법 제65조제2 항제6호	300만원		
아. 법 제47조제1항에 따른 점검·검사 를 거부·기피· 방해하거나 질문 에 대하여 거짓으 로 진술한 경우	법 제65조제2 항제7호	300만원		
자. 법 제51조제2항을 위반하여 교통사 고관련자료등(교 통사고조사와 관 련된 자료·통계 또는 정보를 말한 다. 이하 이 목 및 차목에서 같다)을 보관·관리하지 않은 경우	법 제65조제2 항제8호	100만원		
차. 법 제51조제3항을 위반하여 교통사고 관련자료등을 제공 하지 않은 경우	법 제65조 제2항제9호	100만원		
카. 법 제54조의2제1 항을 위반하여 교 통안전담당자를 지 정하지 않은 경우	법 제65조 제2항 제9호의2	500만원		
타. 법 제54조의2제2 항을 위반하여 교 육을 받게 하지 않 은 경우	법 제65조 제2항 제9호의3	50만원		
파. 법 제55조제1항에 따른 운행기록장 치를 장착하지 않 은 경우	법 제65조 제1항제3호	50만 원	100 만원	150 만원
하. 법 제55조제2항을 위반하여 운행기 록을 보관하지 않 거나 교통행정기 관에 제출하지 않 은 경우	법 제65조 제2항 제10호	50만 원	100 만원	150 만원
거. 법 제55조제2항 후 단을 위반하여 운 행기록장치에 기 록된 운행기록을 임의로 조작한 경 우	법 제65조 제1항 제3호의2	100만원		
너. 법 제55조의2에 따 른 차로이탈경고 장치를 장착하지 않은 경우	법 제65조 제1항 제4호	50만 원	100 만원	150 만원
더. 법 제55조의3제2 항을 위반하여 조 사를 거부·방해 또는 기피한 경우	법 제65조 제2항 제10호의2	300만원		

위반행위	근거 법조문	과태료		
		1차	2차	3차 이상
러. 법 제56조의2제1항을 위반하여 교육을 받지 않은 경우	법 제65조 제2항 제11호	50만원		
머. 법 제57조의3제2항을 위반하여 통행방법을 게시하지 않은 경우	법 제65조 제2항 제12호	100 만원	300 만원	500 만원
버. 법 제57조의3제8항을 위반하여 중대한 사고를 통보하지 않은 경우	법 제65조 제2항 제13호	100만원		

04 다음 중 교통안전담당자를 지정하지 않은 경우의 과태료로 옳은 것은?

① 100만원
② 200만원
③ 300만원
④ 500만원

해설

3번 문제 해설 참조

05 다음 중 교통안전진단기관이 보고를 하지 않거나 거짓으로 보고한 경우 또는 자료제출요청을 거부ㆍ기피ㆍ방해한 경우 과태료로 옳은 것은?

① 50만원
② 100만원
③ 300만원
④ 600만원

해설

3번 문제 해설 참조

06 다음 중 교통안전진단기관이 점검ㆍ검사를 거부ㆍ기피ㆍ방해하거나 질문에 대하여 거짓으로 진술한 경우 과태료로 옳은 것은?

① 100만원
② 300만원
③ 500만원
④ 600만원

해설

3번 문제 해설 참조

정답 04 ④ 05 ③ 06 ②

CHAPTER

02

항공안전법

[이 장의 특징]

항공기도 하나의 교통수단으로 포함되는 교통법규에서는 항공교통안전관리자로서 교통안전법뿐만 아니라 항공안전법과 항공보안법도 다루게 된다. 항공기 운항과 안전에 대한 법률인 항공안전법은 항공사와 항공기의 인증 및 안전규제 그리고 사고조사 등을 규정하고 있다.

이 장에서는 항공안전법을 통해 법률 적용대상과 항공종사자의 업무내용 그리고 항공종사자들에게 필요로 하는 인증 절차 및 규정 등에 대해 다루게 된다.

이 교통법규를 잘 이해하면 항공안전과 교통안전 및 질서 확립에 이바지하고 교통사고를 예방하며 교통 흐름을 원활하게 조절하는데 효율적으로 높일 수가 있다.

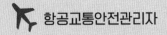

01 | 총칙

01 무인항공기의 항공기사고 기준으로 옳은 것은?

① 사람이 비행을 목적으로 항공기에 탑승하였을 때부터 탑승한 모든 사람이 항공기에서 내릴 때까지를 말한다.
② 비행을 목적으로 움직이는 순간부터 비행이 종료되어 발동기가 정지되는 순간까지를 말한다.
③ 항공기 시동을 걸고 착륙할 비행장까지 착륙하기 순간까지를 말한다.
④ 항공기가 이륙하고 착륙하기 순간까지를 말한다.

해설

항공안전법 제2조(정의)
6. "항공기사고"란 사람이 비행을 목적으로 항공기에 탑승하였을 때부터 탑승한 모든 사람이 항공기에서 내릴 때까지[사람이 탑승하지 아니하고 원격조종 등의 방법으로 비행하는 항공기(이하 "무인항공기"라 한다)의 경우에는 비행을 목적으로 움직이는 순간부터 비행이 종료되어 발동기가 정지되는 순간까지를 말한다] 항공기의 운항과 관련하여 발생한 다음 각 목의 어느 하나에 해당하는 것으로서 국토교통부령으로 정하는 것을 말한다.
   가. 사람의 사망, 중상 또는 행방불명
   나. 항공기의 파손 또는 구조적 손상
   다. 항공기의 위치를 확인할 수 없거나 항공기에 접근이 불가능한 경우

02 다음 중 항공업무에 속하지 않는 것은?

① 항공기 조종연습 및 항공교통관제연습
② 무선설비의 조작을 포함한 항공기의 운항
③ 항공교통관제 업무
④ 정비등을 수행한 항공기의 감항성을 확인하는 업무

해설

항공안전법 제2조(정의)
5. "항공업무"란 다음 각 목의 어느 하나에 해당하는 업무를 말한다.
   가. 항공기의 운항(무선설비의 조작을 포함한다) 업무 (제46조에 따른 항공기 조종연습은 제외한다)
   나. 항공교통관제(무선설비의 조작을 포함한다) 업무 (제47조에 따른 항공교통관제연습은 제외한다)
   다. 항공기의 운항관리 업무
   라. 정비·수리·개조(이하 "정비등"이라 한다)된 항공기·발동기·프로펠러(이하 "항공기등"이라 한다), 장비품 또는 부품에 대하여 안전하게 운용할 수 있는 성능(이하 "감항성"이라 한다)이 있는지를 확인하는 업무 및 경량항공기 또는 그 장비품·부품의 정비사항을 확인하는 업무

03 "국가기관등항공기"란 국가, 지방자치단체, 그 밖에 「공공기관의 운영에 관한 법률」에 따른 공공기관으로서 대통령령으로 정하는 공공기관(이하 "국가기관등"이라 한다)이 소유하거나 임차(賃借)한 항공기라고 한다. 다음 중 옳지 않은 것은?

① 도서지역으로 식량수송
② 산불의 진화 및 예방
③ 응급환자의 후송 등 구조·구급활동
④ 재난·재해 등으로 인한 수색(搜索)·구조

해설

항공안전법 제2조(정의)

4. "국가기관등항공기"란 국가, 지방자치단체, 그 밖에 「공공기관의 운영에 관한 법률」에 따른 공공기관으로서 대통령령으로 정하는 공공기관(이하 "국가기관등"이라 한다)이 소유하거나 임차(賃借)한 항공기로서 다음 각 목의 어느 하나에 해당하는 업무를 수행하기 위하여 사용되는 항공기를 말한다. 다만, 군용 · 경찰용 · 세관용 항공기는 제외한다.
   가. 재난 · 재해 등으로 인한 수색(搜索) · 구조
   나. 산불의 진화 및 예방
   다. 응급환자의 후송 등 구조 · 구급활동
   라. 그 밖에 공공의 안녕과 질서유지를 위하여 필요한 업무

04 다음 중 항공안전법을 전부 또는 일부를 적용 특례에 포함되는 것으로 옳지 않은 것은?

① 국토교통부에서 사용하는 비행점검용 항공기
② 세관업무 또는 경찰업무에 사용하는 항공기
③ 재해 · 재난 등으로 인한 수색 · 구조 목적으로 사용하는 항공기
④ 한미상호방위조약에 따라 미국에서 사용하는 항공기

해설

항공안전법 제3조(군용항공기 등의 적용 특례)

① 군용항공기와 이에 관련된 항공업무에 종사하는 사람에 대해서는 이 법을 적용하지 아니한다.
② 세관업무 또는 경찰업무에 사용하는 항공기와 이에 관련된 항공업무에 종사하는 사람에 대하여는 이 법을 적용하지 아니한다. 다만, 공중 충돌 등 항공기사고의 예방을 위하여 제51조, 제67조, 제68조제5호, 제79조 및 제84조제1항을 적용한다.
③ 「대한민국과 아메리카합중국 간의 상호방위조약」 제4조에 따라 아메리카합중국이 사용하는 항공기와 이에 관련된 항공업무에 종사하는 사람에 대하여는 제2항을 준용한다.

항공안전법 제4조(국가기관등항공기의 적용 특례)

① 국가기관등항공기와 이에 관련된 항공업무에 종사하는 사람에 대해서는 이 법(제66조, 제69조부터 제73조까지 및 제132조는 제외한다)을 적용한다.
② 제1항에도 불구하고 국가기관등항공기를 재해 · 재난 등으로 인한 수색 · 구조, 화재의 진화, 응급환자 후송, 그 밖에 국토교통부령으로 정하는 공공목적으로 긴급히 운항(훈련을 포함한다)하는 경우에는 제53조, 제67조, 제68조제1호부터 제3호까지, 제77조제1항제7호, 제79조 및 제84조제1항을 적용하지 아니한다.
③ 제59조, 제61조, 제62조제5항 및 제6항을 국가기관등항공기에 적용할 때는 "국토교통부장관"은 "소관 행정기관의 장"으로 본다. 이 경우 소관 행정기관의 장은 제59조, 제61조, 제62조제5항 및 제6항에 따라 보고받은 사실을 국토교통부장관에게 알려야 한다.

05 다음 중 신고를 필요로 하지 않는 초경량비행장치 범위로 옳지 않은 것은?

① 낙하산류
② 계류식(繫留式)기구
③ 자체중량이 70킬로그램을 초과하는 활공기
④ 무인비행선 중에서 연료의 무게를 제외한 자체무게가 12킬로그램 이하이고, 길이가 7미터 이하인 것

해설

항공안전법 시행령 제24조(신고를 필요로 하지 않는 초경량비행장치의 범위)

법 제122조제1항 단서에서 "대통령령으로 정하는 초경량비행장치"란 다음 각 호의 어느 하나에 해당하는 것으로서 「항공사업법」에 따른 항공기대여업 · 항공레저스포츠사업 또는 초경량비행장치사용사업에 사용되지 아니하는 것을 말한다. 〈개정 2020. 5. 26., 2020. 12. 10.〉

1. 행글라이더, 패러글라이더 등 동력을 이용하지 아니하는 비행장치
2. 기구류(사람이 탑승하는 것은 제외한다)
3. 계류식(繫留式) 무인비행장치

정답 04 ① 05 ③

4. 낙하산류
5. 무인동력비행장치 중에서 최대이륙중량이 2킬로그램 이하인 것
6. 무인비행선 중에서 연료의 무게를 제외한 자체무게가 12킬로그램 이하이고, 길이가 7미터 이하인 것
7. 연구기관 등이 시험 · 조사 · 연구 또는 개발을 위하여 제작한 초경량비행장치
8. 제작자 등이 판매를 목적으로 제작하였으나 판매되지 아니한 것으로서 비행에 사용되지 아니하는 초경량비행장치
9. 군사목적으로 사용되는 초경량비행장치
[제목개정 2020. 12. 10.]

06 항공기, 경량항공기 또는 초경량비행장치 안에 있던 사람이 항공기사고, 경량항공기사고 또는 초경량비행장치사고로 인한 생사가 분명하지 않은 행방불명 기간으로 옳은 것은?

① 1년　　　　② 2년
③ 3년　　　　④ 4년

해,설

항공안전법 시행규칙 제6조(사망 · 중상 등의 적용기준)
② 법 제2조제6호가목, 같은 조 제7호가목 및 같은 조 제8호가목에 따른 행방불명은 항공기, 경량항공기 또는 초경량비행장치 안에 있던 사람이 항공기사고, 경량항공기사고 또는 초경량비행장치사고로 1년간 생사가 분명하지 아니한 경우에 적용한다.

07 다음 중 항공안전법에 따른 사망 · 중상의 범위로 옳지 않은 것은?

① 골절
② 열상으로 인한 심한 출혈
③ 전염물질이나 유해방사선에 노출
④ 항공기사고, 경량항공기사고 또는 초경량비행

장치사고로 부상을 입은 날부터 7일 이내에 36시간을 초과하는 입원치료가 필요한 부상

해,설

항공안전법 시행규칙 제7조(사망 · 중상의 범위)
① 법 제2조제6호가목, 같은 조 제7호가목 및 같은 조 제8호가목에 따른 사람의 사망은 항공기사고, 경량항공기사고 또는 초경량비행장치사고가 발생한 날부터 30일 이내에 그 사고로 사망한 경우를 포함한다.
② 법 제2조제6호가목, 같은 조 제7호가목 및 같은 조 제8호가목에 따른 중상의 범위는 다음 각 호와 같다.
　1. 항공기사고, 경량항공기사고 또는 초경량비행장치사고로 부상을 입은 날부터 7일 이내에 48시간을 초과하는 입원치료가 필요한 부상
　2. 골절(코뼈, 손가락, 발가락 등의 간단한 골절은 제외한다)
　3. 열상(찢어진 상처)으로 인한 심한 출혈, 신경·근육 또는 힘줄의 손상
　4. 2도나 3도의 화상 또는 신체표면의 5퍼센트를 초과하는 화상(화상을 입은 날부터 7일 이내에 48시간을 초과하는 입원치료가 필요한 경우만 해당한다)
　5. 내장의 손상
　6. 전염물질이나 유해방사선에 노출된 사실이 확인된 경우

08 다음 중 항공안전법에 따른 항공기준사고 범위로 옳지 않은 것은?

① 항공기가 활주로 종단을 초과(Overrunning)한 경우
② 항공기가 활주로 옆으로 이탈한 경우
③ 항공기가 이륙 또는 초기 상승 중 규정된 성능에 도달하지 못한 경우
④ 항공기가 지상에서 운항 중 차량(장비)과 충돌한 경우

해,설

항공안전법 시행규칙 제9조(항공기준사고의 범위), 별표 2
1. 항공기의 위치, 속도 및 거리가 다른 항공기와 충돌위험

정답　**06** ①　**07** ④　**08** ④

이 있었던 것으로 판단되는 근접비행이 발생한 경우(다른 항공기와의 거리가 500피트 미만으로 근접하였던 경우를 말한다) 또는 경미한 충돌이 있었으나 안전하게 착륙한 경우

2. 항공기가 정상적인 비행 중 지표, 수면 또는 그 밖의 장애물과의 충돌(Controlled Flight into Terrain)을 가까스로 회피한 경우

3. 항공기, 차량, 사람 등이 허가 없이 또는 잘못된 허가로 항공기 이륙·착륙을 위해 지정된 보호구역에 진입하여 다른 항공기와의 충돌을 가까스로 회피한 경우

4. 항공기가 다음 각 목의 장소에서 이륙하거나 이륙을 포기한 경우 또는 착륙하거나 착륙을 시도한 경우
   가. 폐쇄된 활주로 또는 다른 항공기가 사용 중인 활주로
   나. 허가 받지 않은 활주로
   다. 유도로(헬리콥터가 허가를 받고 이륙하거나 이륙을 포기한 경우 또는 착륙하거나 착륙을 시도한 경우는 제외한다)
   라. 도로 등 착륙을 의도하지 않은 장소

5. 항공기가 이륙·착륙 중 활주로 시단(始端)에 못 미치거나(Undershooting) 또는 종단(終端)을 초과한 경우(Overrunning) 또는 활주로 옆으로 이탈한 경우(다만, 항공안전장애에 해당하는 사항은 제외한다)

6. 항공기가 이륙 또는 초기 상승 중 규정된 성능에 도달하지 못한 경우

7. 비행 중 운항승무원이 신체, 심리, 정신 등의 영향으로 조종업무를 정상적으로 수행할 수 없는 경우(Pilot Incapacitation)

8. 조종사가 연료량 또는 연료배분 이상으로 비상선언을 한 경우(연료의 불충분, 소진, 누유 등으로 인한 결핍 또는 사용가능한 연료를 사용할 수 없는 경우를 말한다)

9. 항공기 시스템의 고장, 항공기 동력 또는 추진력의 손실, 기상 이상, 항공기 운용한계의 초과 등으로 조종상의 어려움(Difficulties in Controlling)이 발생했거나 발생할 수 있었던 경우

10. 다음 각 목에 따라 항공기에 중대한 손상이 발견된 경우(항공기사고로 분류된 경우는 제외한다)
    가. 항공기가 지상에서 운항 중 다른 항공기나 장애물, 차량, 장비 또는 동물과 접촉·충돌
    나. 비행 중 조류(鳥類), 우박, 그 밖의 물체와 충돌 또는 기상 이상 등
    다. 항공기 이륙·착륙 중 날개, 발동기 또는 동체와 지면의 접촉·충돌 또는 끌림(dragging). 다만, 꼬리스키드(Tail Skid : 항공기 꼬리 아래 장착되는, 지면 접촉시 기체 손상 방지장치)의 경미한 접촉 등 항공기 이륙·착륙에 지장이 없는 경우는 제외한다.
    라. 착륙바퀴가 완전히 펴지지 않거나 올려진 상태로 착륙한 경우

11. 비행 중 운항승무원이 비상용 산소 또는 산소마스크를 사용해야 하는 상황이 발생한 경우

12. 운항 중 항공기 구조상의 결함(Aircraft Structural Failure)이 발생한 경우 또는 터빈발동기의 내부 부품이 외부로 떨어져 나간 경우를 포함하여 터빈발동기의 내부 부품이 분해된 경우(항공기사고로 분류된 경우는 제외한다)

13. 운항 중 발동기에서 화재가 발생하거나 조종실, 객실이나 화물칸에서 화재·연기가 발생한 경우(소화기를 사용하여 진화한 경우를 포함한다)

14. 비행 중 비행 유도(Flight Guidance) 및 항행(Navigation)에 필요한 다중(多衆) 시스템(Redundancy System) 중 2개 이상의 고장으로 항행에 지장을 준 경우

15. 비행 중 2개 이상의 항공기 시스템 고장이 동시에 발생하여 비행에 심각한 영향을 미치는 경우

16. 운항 중 비의도적으로 항공기 외부의 인양물이나 탑재물이 항공기로부터 분리된 경우 또는 비상조치를 위해 의도적으로 항공기 외부의 인양물이나 탑재물이 항공기로부터 분리한 경우

[비고] : 항공기준사고 조사결과에 따라 항공기사고 또는 항공안전장애로 재분류 할 수 있다.

---

09 다음 중 경량항공기 기준에 해당되지 않는 것은?

① 비행 중에 프로펠러의 각도를 조정할 수 없을 것
② 조종사 좌석을 포함한 탑승 좌석이 2개 이하일 것
③ 최대이륙중량이 400킬로그램(수상비행에 사용하는 경우에는 450킬로그램) 이하일 것
④ 최대 실속속도 또는 최소 정상비행속도가 45노트 이하일 것

해설

항공안전법 시행규칙 제4조(경량항공기의 기준)

정답 **09** ③

법 제2조제2호에서 "최대이륙중량, 좌석 수 등 국토교통부령으로 정하는 기준에 해당하는 비행기, 헬리콥터, 자이로플레인(gyroplane) 및 동력패러슈트(powered parachute) 등"이란 법 제2조제3호에 따른 초경량비행장치에 해당하지 않는 것으로서 다음 각 호의 기준을 모두 충족하는 비행기, 헬리콥터, 자이로플레인 및 동력패러슈트를 말한다. 〈개정 2021. 8. 27., 2022. 12. 9.〉

1. 최대이륙중량이 600킬로그램(수상비행에 사용하는 경우에는 650킬로그램) 이하일 것
2. 최대 실속속도[실속(失速 : 비행기를 띄우는 양력이 급격히 떨어지는 현상을 말한다. 이하 같다)이 발생할 수 있는 속도를 말한다] 또는 최소 정상비행속도가 45노트 이하일 것
3. 조종사 좌석을 포함한 탑승 좌석이 2개 이하일 것
4. 단발(單發) 왕복발동기 또는 전기모터(전기 공급원으로부터 충전 받은 전기에너지 또는 수소를 사용하여 발생시킨 전기에너지를 동력원으로 사용하는 것을 말한다)를 장착할 것
5. 조종석은 여압(기내 공기 압력을 지상과 가깝게 조절 · 유지하는 것을 말한다)이 되지 아니할 것
6. 비행 중에 프로펠러의 각도를 조정할 수 없을 것
7. 고정된 착륙장치가 있을 것. 다만, 수상비행에 사용하는 경우에는 고정된 착륙장치 외에 접을 수 있는 착륙장치를 장착할 수 있다.

정답

02 | 항공기 등록

01 다음 중 등록을 필요로 하지 않는 항공기의 범위로 옳은 것은?

① 항공기 제작자나 항공기 관련 연구기관이 연구·개발 중인 항공기
② 응급환자의 후송 등 구조·구급활동에 사용하는 항공기
③ 산불의 진화 및 예방에 사용하는 항공기
④ 재난·재해 등으로 인한 수색(搜索)·구조에 사용하는 항공기

해설

항공안전법 시행령 제4조(등록을 필요로 하지 않는 항공기의 범위)
법 제7조제1항 단서에서 "대통령령으로 정하는 항공기"란 다음 각 호의 항공기를 말한다. 〈개정 2021. 11. 16.〉
1. 군 또는 세관에서 사용하거나 경찰업무에 사용하는 항공기
2. 외국에 임대할 목적으로 도입한 항공기로서 외국 국적을 취득할 항공기
3. 국내에서 제작한 항공기로서 제작자 외의 소유자가 결정되지 아니한 항공기
4. 외국에 등록된 항공기를 임차하여 법 제5조에 따라 운영하는 경우 그 항공기
5. 항공기 제작자나 항공기 관련 연구기관이 연구·개발 중인 항공기

02 항공기 등록에 관한 설명으로 옳지 않은 것은?

① 외국의 법인 또는 단체에서 소유하거나 임차한 항공기는 등록이 제한된다.
② 항공기에 대한 임차권(賃借權)은 등록하여야 제3자에 대하여 그 효력이 생긴다.
③ 외국정부 또는 외국의 공공단체에서 소유하거나 임차한 항공기는 등록이 제한된다.
④ 국토교통부장관은 소유자가 항공기를 등록하였을 때에는 등록한 자에게 국토교통부령으로 정하는 바에 따라 항공기 등록증명서를 발급하여야 한다.

해설

항공안전법 제7조(항공기 등록)
① 항공기를 소유하거나 임차하여 항공기를 사용할 수 있는 권리가 있는 자(이하 "소유자등"이라 한다)는 항공기를 대통령령으로 정하는 바에 따라 국토교통부장관에게 등록을 하여야 한다. 다만, 대통령령으로 정하는 항공기는 그러하지 아니하다. 〈개정 2020. 6. 9.〉
② 제90조제1항에 따른 운항증명을 받은 국내항공운송사업자 또는 국제항공운송사업자가 제1항에 따라 항공기를 등록하려는 경우에는 해당 항공기의 안전한 운항을 위하여 국토교통부령으로 정하는 바에 따라 필요한 정비 인력을 갖추어야 한다. 〈신설 2020. 6. 9.〉

항공안전법 제8조(항공기 국적의 취득)
제7조에 따라 등록된 항공기는 대한민국의 국적을 취득하고, 이에 따른 권리와 의무를 갖는다.

항공안전법 제9조(항공기 소유권 등)
① 항공기에 대한 소유권의 취득·상실·변경은 등록하여야 그 효력이 생긴다.
② 항공기에 대한 임차권(賃借權)은 등록하여야 제3자에 대하여 그 효력이 생긴다.

항공안전법 제12조(항공기 등록증명서의 발급)
국토교통부장관은 제7조에 따라 항공기를 등록하였을 때에는 등록한 자에게 대통령령으로 정하는 바에 따라 항공기 등록증명서를 발급하여야 한다.

•─하─•
03 항공기 변경등록을 신청해야 하는 경우로 옳은 것은?

① 항공기의 주기장이 변경되었을 때
② 항공기의 정치장이 변경되었을 때
③ 항공기의 생산 연월일이 변경되었을 때
④ 항공기 임차기간의 만료 등으로 항공기를 사용할 수 있는 권리가 상실된 경우

해설

항공기등록령 제19조(변경등록)
① 법 제13조에 따라 항공기 정치장의 변경등록을 신청하려는 자는 신청서에 새로운 정치장을 기재하여야 한다.
② 법 제13조에 따라 소유자·임차인 또는 임대인의 성명 또는 명칭과 주소 및 국적의 변경등록을 신청하려는 자는 신청서에 변경내용 및 사유를 기재하고, 등록원인을 증명하는 서류를 첨부하여야 한다.
③ 제1항 및 제2항에 따른 변경등록은 부기로 한다.

•─중─•
04 항공기 변경등록을 신청해야 하는 경우로 옳지 않은 것은?

① 항공기의 소유자·임차인 또는 임대인의 성명 또는 명칭이 변경되었을 때
② 항공기의 정치장이 변경되었을 때
③ 소유자·임차인 또는 임대인의 주소 및 국적이 변경되었을 때
④ 항공기 임차기간의 만료 등으로 항공기가 해체되었을 때

해설

항공기등록령 제19조(변경등록)
① 법 제13조에 따라 항공기 정치장의 변경등록을 신청하려는 자는 신청서에 새로운 정치장을 기재하여야 한다.
② 법 제13조에 따라 소유자·임차인 또는 임대인의 성명 또는 명칭과 주소 및 국적의 변경등록을 신청하려는 자는 신청서에 변경내용 및 사유를 기재하고, 등록원인을

증명하는 서류를 첨부하여야 한다.
③ 제1항 및 제2항에 따른 변경등록은 부기로 한다.

•─하─•
05 다음 중 항공기 등록의 종류가 아닌 것은?

① 말소등록   ② 변경등록
③ 임시등록   ④ 이전등록

해설

항공기 등록은 항공안전법 제13조(변경등록), 제14조(이전등록), 제15조(말소등록) 총 3가지가 있다.

•─하─•
06 항공기 등록의 제한되는 사항으로 옳은 것은?

① 대한민국 국민
② 외국의 법인 또는 단체
③ 대한민국 국적을 가진 항공기
④ 대한민국정부 또는 대한민국의 공공단체

해설

항공안전법 제10조(항공기 등록의 제한)
① 다음 각 호의 어느 하나에 해당하는 자가 소유하거나 임차한 항공기는 등록할 수 없다. 다만, 대한민국의 국민 또는 법인이 임차하여 사용할 수 있는 권리가 있는 항공기는 그러하지 아니하다. 〈개정 2021. 12. 7.〉
  1. 대한민국 국민이 아닌 사람
  2. 외국정부 또는 외국의 공공단체
  3. 외국의 법인 또는 단체
  4. 제1호부터 제3호까지의 어느 하나에 해당하는 자가 주식이나 지분의 2분의 1 이상을 소유하거나 그 사업을 사실상 지배하는 법인(「항공사업법」 제2조제1호에 따른 항공사업의 목적으로 항공기를 등록하려는 경우로 한정한다)
  5. 외국인이 법인 등기사항증명서상의 대표자이거나 외국인이 법인 등기사항증명서상의 임원 수의 2분의 1 이상을 차지하는 법인
② 제1항 단서에도 불구하고 외국 국적을 가진 항공기는 등록할 수 없다.

07 항공기 말소등록을 하지 않아도 되는 경우로 옳은 것은?

① 항공기를 정비등의 목적으로 해체한 경우
② 항공기의 존재 여부를 1개월 이상 확인할 수 없는 경우
③ 항공기가 멸실(滅失)된 경우
④ 임차기간의 만료 등으로 항공기를 사용할 수 있는 권리가 상실된 경우

해설

항공안전법 제15조(항공기 말소등록)
① 소유자등은 등록된 항공기가 다음 각 호의 어느 하나에 해당하는 경우에는 그 사유가 있는 날부터 15일 이내에 대통령령으로 정하는 바에 따라 국토교통부장관에게 말소등록을 신청하여야 한다.
　1. 항공기가 멸실(滅失)되었거나 항공기를 해체(정비등, 수송 또는 보관하기 위한 해체는 제외한다)한 경우
　2. 항공기의 존재 여부를 1개월(항공기사고인 경우에는 2개월) 이상 확인할 수 없는 경우
　3. 제10조제1항 각 호의 어느 하나에 해당하는 자에게 항공기를 양도하거나 임대(외국 국적을 취득하는 경우만 해당한다)한 경우
　4. 임차기간의 만료 등으로 항공기를 사용할 수 있는 권리가 상실된 경우
② 제1항에 따라 소유자등이 말소등록을 신청하지 아니하면 국토교통부장관은 7일 이상의 기간을 정하여 말소등록을 신청할 것을 최고(催告)하여야 한다.
③ 제2항에 따른 최고를 한 후에도 소유자등이 말소등록을 신청하지 아니하면 국토교통부장관은 직권으로 등록을 말소하고, 그 사실을 소유자등 및 그 밖의 이해관계인에게 알려야 한다.

08 국토교통부장관에게 등록하지 않아도 되는 항공기로 옳지 않은 것은?

① 대한민국 국적으로 임차한 대통령 전용기

② 군 또는 세관에서 사용하거나 경찰업무에 사용하는 항공기
③ 항공기 제작자나 항공기 관련 연구기관이 연구ㆍ개발 중인 항공기
④ 외국에 임대할 목적으로 도입한 항공기로서 외국 국적을 취득할 항공기

해설

항공안전법 시행령 제4조(등록을 필요로 하지 않는 항공기의 범위)
법 제7조제1항 단서에서 "대통령령으로 정하는 항공기"란 다음 각 호의 항공기를 말한다. 〈개정 2021. 11. 16.〉
1. 군 또는 세관에서 사용하거나 경찰업무에 사용하는 항공기
2. 외국에 임대할 목적으로 도입한 항공기로서 외국 국적을 취득할 항공기
3. 국내에서 제작한 항공기로서 제작자 외의 소유자가 결정되지 아니한 항공기
4. 외국에 등록된 항공기를 임차하여 법 제5조에 따라 운영하는 경우 그 항공기
5. 항공기 제작자나 항공기 관련 연구기관이 연구ㆍ개발 중인 항공기

09 항공기 등록기호표 재질로 옳은 것은?

① 스테인리스 스틸
② 강철 등 내화금속
③ 알루미늄 합금
④ 티타늄 합금

해설

항공안전법 시행규칙 제12조(등록기호표의 부착)
① 항공기를 소유하거나 임차하여 사용할 수 있는 권리가 있는 자(이하 "소유자등"이라 한다)가 항공기를 등록한 경우에는 법 제17조제1항에 따라 강철 등 내화금속(耐火金屬)으로 된 등록기호표(가로 7센티미터 세로 5센티미터의 직사각형)를 다음 각 호의 구분에 따라 보기 쉬운 곳에 붙여야 한다.

1. 항공기에 출입구가 있는 경우 : 항공기 주(主)출입구 윗부분의 안쪽
2. 항공기에 출입구가 없는 경우 : 항공기 동체의 외부 표면
② 제1항의 등록기호표에는 국적기호 및 등록기호(이하 "등록부호"라 한다)와 소유자등의 명칭을 적어야 한다.

10 항공기 등록기호표 부착 위치에 대한 설명으로 옳은 것은?

① 항공기에 출입구가 있는 경우 : 항공기 주(主)출입구 윗부분의 바깥쪽
② 항공기에 출입구가 있는 경우 : 항공기 주(主)출입구 아랫부분의 안쪽
③ 항공기에 출입구가 있는 경우 : 항공기 주(主)출입구 윗부분의 안쪽
④ 항공기에 출입구가 있는 경우 : 항공기 주(主)출입구 아랫부분의 바깥쪽

해설

9번 문제 해설 참조

11 항공기 국적 등을 표시하는 설명으로 옳은 것은?

① 등록기호, 국적기호 순으로 표시한다.
② 국적기호와 등록기호는 붙여서 표시한다.
③ 등록기호의 첫 글자가 문자인 경우 국적기호와 등록기호 사이에 붙임표(-)를 삽입하여야 한다.
④ 등록기호는 국적기호와 함께 2문자로 조합하여 표시한다.

해설

항공안전법 시행규칙 제13조(국적 등의 표시)
① 법 제18조제1항 단서에서 "신규로 제작한 항공기 등 국토교통부령으로 정하는 항공기"란 다음 각 호의 어느 하나에 해당하는 항공기를 말한다.
   1. 제36조제2호 또는 제3호에 해당하는 항공기
   2. 제37조제1호가목에 해당하는 항공기
② 법 제18조제2항에 따른 국적 등의 표시는 국적기호, 등록기호 순으로 표시하고, 장식체를 사용해서는 아니되며, 국적기호는 로마자의 대문자 "HL"로 표시하여야 한다.
③ 등록기호의 첫 글자가 문자인 경우 국적기호와 등록기호 사이에 붙임표(-)를 삽입하여야 한다.
④ 항공기에 표시하는 등록부호는 지워지지 아니하고 배경과 선명하게 대조되는 색으로 표시하여야 한다.
⑤ 등록기호의 구성 등에 필요한 세부사항은 국토교통부장관이 정하여 고시한다.

12 다음 중 항공기 등록부호의 표시위치에 관한 설명으로 옳지 않은 것은?

① 비행기와 활공기의 경우에는 수직 꼬리 날개의 양쪽 면에, 꼬리 날개의 앞 끝과 뒤끝에서 10센티미터 이상 떨어지도록 수평 또는 수직으로 표시할 것
② 비행기와 활공기의 경우에는 오른쪽 날개 윗면과 왼쪽 날개 아랫면에 주 날개의 앞 끝과 뒤끝에서 같은 거리에 위치하도록 하고, 등록부호의 윗부분이 주 날개의 앞 끝을 향하게 표시할 것
③ 헬리콥터의 경우에는 동체 옆면에 표시하는 경우 주 회전익 축과 보조 회전익 축 사이의 동체 또는 동력장치가 있는 부근의 양 측면에 수평 또는 수직으로 표시할 것
④ 헬리콥터의 경우에는 동체 아랫면에 표시하는 경우 동체의 최대 횡단면 부근에 등록부호의 윗부분이 동체좌측을 향하게 표시할 것

해설

항공안전법 시행규칙 제14조(등록부호의 표시위치 등)
등록부호의 표시 위치 및 방법은 다음 각 호의 구분에 따른다. 〈개정 2021. 8. 27.〉

1. 비행기와 활공기의 경우에는 주 날개와 꼬리 날개 또는 주 날개와 동체에 다음 각 목의 구분에 따라 표시하여야 한다.

    가. 주 날개에 표시하는 경우 : 오른쪽 날개 윗면과 왼쪽 날개 아랫면에 주 날개의 앞 끝과 뒤 끝에서 같은 거리에 위치하도록 하고, 등록부호의 윗부분이 주 날개의 앞 끝을 향하게 표시할 것. 다만, 각 기호는 보조 날개와 플랩에 걸쳐서는 아니 된다.

    나. 꼬리 날개에 표시하는 경우 : 수직 꼬리 날개의 양쪽 면에, 꼬리 날개의 앞 끝과 뒤끝에서 5센티미터 이상 떨어지도록 수평 또는 수직으로 표시할 것

    다. 동체에 표시하는 경우 : 주 날개와 꼬리 날개 사이에 있는 동체의 양쪽 면의 수평안정판 바로 앞에 수평 또는 수직으로 표시할 것

2. 헬리콥터의 경우에는 동체 아랫면과 동체 옆면에 다음 각 목의 구분에 따라 표시하여야 한다.

    가. 동체 아랫면에 표시하는 경우 : 동체의 최대 횡단면 부근에 등록부호의 윗부분이 동체좌측을 향하게 표시할 것

    나. 동체 옆면에 표시하는 경우 : 주 회전익 축과 보조 회전익 축 사이의 동체 또는 동력장치가 있는 부근의 양 측면에 수평 또는 수직으로 표시할 것

3. 비행선의 경우에는 선체 또는 수평안정판과 수직안정판에 다음 각 목의 구분에 따라 표시해야 한다.

    가. 선체에 표시하는 경우 : 대칭축과 직각으로 교차하는 최대 횡단면 부근의 윗면과 양 옆면에 표시할 것

    나. 수평안정판에 표시하는 경우 : 오른쪽 윗면과 왼쪽 아랫면에 등록부호의 윗부분이 수평안정판의 앞 끝을 향하게 표시할 것

    다. 수직안정판에 표시하는 경우 : 수직안정판의 양 쪽 면 아랫부분에 수평으로 표시할 것

---

13 비행기와 활공기에 표시하는 등록부호의 높이에 대한 설명으로 옳은 것은?

① 주 날개에 표시하는 경우에는 50센티미터 이상, 수직 꼬리 날개 또는 동체에 표시하는 경우에는 30센티미터 이상

② 동체 아랫면에 표시하는 경우에는 50센티미터 이상, 동체 옆면에 표시하는 경우에는 30센티미터 이상

③ 선체에 표시하는 경우에는 50센티미터 이상, 수평안정판과 수직안정판에 표시하는 경우에는 15센티미터 이상

④ 주 날개에 표시하는 경우에는 30센티미터 이상, 수직 꼬리 날개 또는 동체에 표시하는 경우에는 50센티미터 이상

해설

항공안전법 시행규칙 제15조(등록부호의 높이)
등록부호에 사용하는 각 문자와 숫자의 높이는 같아야 하고, 항공기의 종류와 위치에 따른 높이는 다음 각 호의 구분에 따른다.

1. 비행기와 활공기에 표시하는 경우
    가. 주 날개에 표시하는 경우에는 50센티미터 이상
    나. 수직 꼬리 날개 또는 동체에 표시하는 경우에는 30센티미터 이상

2. 헬리콥터에 표시하는 경우
    가. 동체 아랫면에 표시하는 경우에는 50센티미터 이상
    나. 동체 옆면에 표시하는 경우에는 30센티미터 이상

3. 비행선에 표시하는 경우
    가. 선체에 표시하는 경우에는 50센티미터 이상
    나. 수평안정판과 수직안정판에 표시하는 경우에는 15센티미터 이상

정답 **13** ①

14 항공기 등록부호에 사용하는 각 문자와 숫자의 크기에 대한 설명 중 옳지 않은 것은?

① 폭은 문자 및 숫자의 높이의 3분의 1로 한다.

② 선의 굵기는 문자 및 숫자의 높이의 6분의 1로 한다.

③ 간격은 문자 및 숫자의 폭의 4분의 1 이상 2분의 1 이하로 한다.

④ 폭과 붙임표의 길이는 문자 및 숫자의 높이의 3분의 2로 한다.

해설

항공안전법 시행규칙 제16조(등록부호의 폭·선 등)
등록부호에 사용하는 각 문자와 숫자의 폭, 선의 굵기 및 간격은 다음 각 호와 같다.

1. 폭과 붙임표(-)의 길이 : 문자 및 숫자의 높이의 3분의
   2. 다만 영문자 I와 아라비아 숫자 1은 제외한다.
2. 선의 굵기 : 문자 및 숫자의 높이의 6분의 1
3. 간격 : 문자 및 숫자의 폭의 4분의 1 이상 2분의 1 이하

15 항공기 등록기호표에 대한 설명으로 옳지 않은 것은?

① 항공기 등록기호표는 가로 7cm, 세로 5cm의 직사각형 크기로 제작된다.

② 항공기에 출입구가 없는 경우 항공기 동체의 외부 표면에 부착한다.

③ 항공기에 출입구가 있는 경우 항공기 주 동체 윗부분의 바깥쪽에 부착한다.

④ 등록기호표에는 국적기호 및 등록기호와 소유자등의 명칭을 적어야 한다.

해설

9번 문제 해설 참조

정답 **14** ① **15** ③

03 항공종사자 등

01 다음 중 항공영어구술능력증명을 국토교통부장관에게 받아야 하는 항공종사자로 옳지 않은 것은?

① 두 나라 이상을 운항하는 항공기의 조종
② 두 나라 이상을 운항하는 항공기에 대한 관제
③ 두 나라 이상을 운항하는 항공기를 관리하는 운항관리사
④ 항공통신업무 중 두 나라 이상을 운항하는 항공기에 대한 무선통신

해설

항공안전법 제45조(항공영어구술능력증명)
① 다음 각 호의 어느 하나에 해당하는 업무에 종사하려는 사람은 국토교통부장관의 항공영어구술능력증명을 받아야 한다.
  1. 두 나라 이상을 운항하는 항공기의 조종
  2. 두 나라 이상을 운항하는 항공기에 대한 관제
  3. 「공항시설법」 제53조에 따른 항공통신업무 중 두 나라 이상을 운항하는 항공기에 대한 무선통신

02 항공종사자의 자격증명 한정으로 옳은 것은?

① 운송용 조종사 자격의 경우 : 항공기의 종류, 등급 또는 형식
② 항공기관사 자격의 경우 : 항공기, 경량항공기, 초경량항공기의 종류 및 정비분야
③ 항공정비사 자격의 경우 : 항공기, 경량항공기 종류, 등급 또는 형식
④ 부조종사 자격의 경우 : 항공기, 경량항공기, 초경량항공기의 종류, 등급 또는 형식

해설

항공안전법 제37조(자격증명의 한정)
① 국토교통부장관은 다음 각 호의 구분에 따라 자격증명에 대한 한정을 할 수 있다. 〈개정 2019. 8. 27.〉
  1. 운송용 조종사, 사업용 조종사, 자가용 조종사, 부조종사 또는 항공기관사 자격의 경우 : 항공기의 종류, 등급 또는 형식
  2. 항공정비사 자격의 경우 : 항공기·경량항공기의 종류 및 정비분야
② 제1항에 따라 자격증명의 한정을 받은 항공종사자는 그 한정된 종류, 등급 또는 형식 외의 항공기·경량항공기나 한정된 정비분야 외의 항공업무에 종사해서는 아니 된다. 〈개정 2019. 8. 27.〉
③ 제1항에 따른 자격증명의 한정에 필요한 세부사항은 국토교통부령으로 정한다.

03 4등급 또는 5등급의 항공영어구술능력증명을 받은 사람이 유효기간이 끝나기 전 6개월 이내에 항공영어구술능력증명시험에 합격한 경우의 유효기간으로 옳은 것은?

① 영구
② 합격 통지일
③ 기존 증명의 유효기간이 끝난 다음 날
④ 기존 증명의 유효기간이 끝나기 전날

해설

항공안전법 시행규칙 제99조(항공영어구술능력증명시험의 실시 등)
① 법 제45조제2항에 따른 항공영어구술능력증명시험의 등급은 6등급으로 구분하되, 6등급 항공영어구술능력증명시험에 응시하려는 사람은 응시원서 접수 당시 제3항에 따른 유효기간 내에 있는 5등급 항공영어구술능력증

명을 보유해야 한다. 〈개정 2019. 9. 23.〉

② 법 제45조제2항에 따른 항공영어구술능력증명시험의 평가 항목 및 등급별 합격기준은 별표 11과 같다. 〈개정 2019. 9. 23.〉

③ 법 제45조제2항에 따른 항공영어구술능력증명의 등급별 유효기간은 다음 각 호의 구분에 따른 기준일부터 계산하여 4등급은 3년, 5등급은 6년, 6등급은 영구로 한다.

1. 최초 응시자(항공영어구술능력증명의 유효기간이 지난 사람을 포함한다) : 합격 통지일

2. 4등급 또는 5등급의 항공영어구술능력증명을 받은 사람이 유효기간이 끝나기 전 6개월 이내에 항공영어구술능력증명시험에 합격한 경우 : 기존 증명의 유효기간이 끝난 다음 날

④ 제1항에 따른 항공영어구술능력증명시험의 구체적인 실시방법 등에 관하여 필요한 사항은 국토교통부장관이 정하여 고시한다.

---

04 항공영어구술능력증명의 등급별 유효기간 중 5등급의 유효기간으로 옳은 것은?

① 1년
② 3년
③ 6년
④ 영구

해설

3번 문제 해설 참조

---

05 60세 이상의 자가용 조종사의 항공신체검사증명의 유효기간으로 옳은 것은?

① 6개월
② 12개월
③ 24개월
④ 48개월

해설

항공안전법 시행규칙 제92조 별표 8
항공신체검사증명의 종류와 그 유효기간(제92조제1항 관련)

자격증명의 종류	항공신체검사 증명의 종류	유효기간		
		40세 미만	40세 이상 50세 미만	50세 이상
운송용 조종사 사업용 조종사 (활공기 조종사는 제외한다) 부조종사	제1종	12개월. 다만, 항공운송사업에 종사하는 60세 이상인 사람과 1명의 조종사로 승객을 수송하는 항공운송사업에 종사하는 40세 이상인 사람은 6개월		
항공기관사 항공사	제2종	12개월		
자가용 조종사 사업용 활공기 조종사 조종연습생 경량항공기 조종사	제2종(경량항공기조종사의 경우에는 제2종 또는 자동차운전 면허증)	60 개월	24 개월	12 개월
항공교통관제사 항공교통관제연습생	제3종	48 개월	24 개월	12 개월

---

06 40세 미만 항공종사자 항공신체검사증명의 유효기간으로 옳지 않은 것은?

① 운송용 조종사 : 12개월
② 항공교통관제사 : 36개월
③ 사업용 조종사 : 12개월
④ 자가용 조종사 : 60개월

해설

5번 문제 해설 참조

정답 04 ③ 05 ② 06 ②

07 다음 중 보수를 받고 무상으로 운항하는 항공기를 조종하는 항공종사자는?

① 사업용 조종사
② 자가용 조종사
③ 운송용 조종사
④ 경량항공기 조종사

해설

항공안전법 제36조제1항 별표

자격	업무범위
운송용 조종사	항공기에 탑승하여 다음 각 호의 행위를 하는 것 1. 사업용 조종사의 자격을 가진 사람이 할 수 있는 행위 2. 항공운송사업의 목적을 위하여 사용하는 항공기를 조종하는 행위
사업용 조종사	항공기에 탑승하여 다음 각 호의 행위를 하는 것 1. 자가용 조종사의 자격을 가진 사람이 할 수 있는 행위 2. 무상으로 운항하는 항공기를 보수를 받고 조종하는 행위 3. 항공기사용사업에 사용하는 항공기를 조종하는 행위 4. 항공운송사업에 사용하는 항공기(1명의 조종사가 필요한 항공기만 해당한다)를 조종하는 행위 5. 기장 외의 조종사로서 항공운송사업에 사용하는 항공기를 조종하는 행위
자가용 조종사	무상으로 운항하는 항공기를 보수를 받지 아니하고 조종하는 행위
부조종사	비행기에 탑승하여 다음 각 호의 행위를 하는 것 1. 자가용 조종사의 자격을 가진 사람이 할 수 있는 행위 2. 기장 외의 조종사로서 비행기를 조종하는 행위
항공사	항공기에 탑승하여 그 위치 및 항로의 측정과 항공상의 자료를 산출하는 행위
항공기관사	항공기에 탑승하여 발동기 및 기체를 취급하는 행위(조종장치의 조작은 제외한다)
항공교통 관제사	항공교통의 안전·신속 및 질서를 유지하기 위하여 항공기 운항을 관제하는 행위
항공정비사	다음 각 호의 행위를 하는 것 1. 제32조제1항에 따라 정비등을 한 항공기등, 장비품 또는 부품에 대하여 감항성을 확인하는 행위 2. 제108조제4항에 따라 정비를 한 경량항공기 또는 그 장비품·부품에 대하여 안전하게 운용할 수 있음을 확인하는 행위
운항관리사	항공운송사업에 사용되는 항공기 또는 국외운항항공기의 운항에 필요한 다음 각 호의 사항을 확인하는 행위 1. 비행계획의 작성 및 변경 2. 항공기 연료 소비량의 산출 3. 항공기 운항의 통제 및 감시

08 다음 중 보수를 받지 않고 무상으로 운항하는 항공기를 조종하는 항공종사자는?

① 사업용 조종사
② 자가용 조종사
③ 운송용 조종사
④ 경량항공기 조종사

해설

7번 문제 해설 참조

정답 07 ① 08 ②

09 사업용 조종사의 업무범위로 옳지 않은 것은?

① 항공기사용사업에 사용하는 항공기를 조종하는 행위
② 자가용 조종사의 자격을 가진 사람이 할 수 있는 행위
③ 무상으로 운항하는 항공기를 보수를 받지 않고 조종하는 행위
④ 항공운송사업에 사용하는 항공기(1명의 조종사가 필요한 항공기만 해당한다)를 조종하는 행위

해설

7번 문제 해설 참조

04 | 항공기의 운항

01 시계비행방식(VFR) 항공기가 갖추어야 할 무선설비의 설치 및 운용의 의무로 해당되는 것은?

① 거리측정시설(DME) 수신기 1대
② 전방향표지시설(VOR) 수신기 1대
③ 계기착륙시설(ILS) 수신기 1대
④ 트랜스폰더(Mode 3/A 및 Mode C Transponder) 1대

해설

항공안전법 시행규칙 제107조(무선설비)

① 법 제51조에 따라 항공기에 설치·운용해야 하는 무선설비는 다음 각 호와 같다. 다만, 항공운송사업에 사용되는 항공기 외의 항공기가 계기비행방식 외의 방식(이하 "시계비행방식"이라 한다)에 의한 비행을 하는 경우에는 제3호부터 제6호까지의 무선설비를 설치·운용하지 않을 수 있다. 〈개정 2019. 2. 26., 2021. 8. 27.〉

1. 비행 중 항공교통관제기관과 교신할 수 있는 초단파 (VHF) 또는 극초단파(UHF)무선전화 송수신기 각 2대. 이 경우 비행기[국토교통부장관이 정하여 고시하는 기압고도계의 수정을 위한 고도(이하 "전이고도"라 한다) 미만의 고도에서 교신하려는 경우만 해당한다]와 헬리콥터의 운항승무원은 붐(Boom) 마이크로폰 또는 스롯(Throat) 마이크로폰을 사용하여 교신하여야 한다.

2. 기압고도에 관한 정보를 제공하는 2차 감시 항공교통관제 레이더용 트랜스폰더(Mode 3/A 및 Mode C SSR transponder. 다만, 국외를 운항하는 항공운송사업용 항공기의 경우에는 Mode S transponder) 1대

3. 자동방향탐지기(ADF) 1대[무지향표지시설(NDB) 신호로만 계기접근절차가 구성되어 있는 공항에 운항하는 경우만 해당한다]

4. 계기착륙시설(ILS) 수신기 1대(최대이륙중량 5천 700킬로그램 미만의 항공기와 헬리콥터 및 무인항공기는 제외한다)

5. 전방향표지시설(VOR) 수신기 1대(무인항공기는 제외한다)

6. 거리측정시설(DME) 수신기 1대(무인항공기는 제외한다)

7. 다음 각 목의 구분에 따라 비행 중 뇌우(雷雨) 또는 잠재적인 위험 기상조건을 탐지할 수 있는 기상레이더 또는 악기상 탐지장비

   가. 국제선 항공운송사업에 사용되는 비행기로서 여압장치가 장착된 비행기의 경우 : 기상레이더 1대

   나. 국제선 항공운송사업에 사용되는 헬리콥터의 경우 : 기상레이더 또는 악기상 탐지장비 1대

   다. 가목 외에 국외를 운항하는 비행기로서 여압장치가 장착된 비행기의 경우 : 기상레이더 또는 악기상 탐지장비 1대

8. 다음 각 목의 구분에 따라 비상위치지시용 무선표지설비(ELT). 이 경우 비상위치지시용 무선표지설비의 신호는 121.5메가헤르츠(MHz) 및 406메가헤르츠(MHz)로 송신되어야 한다.

   가. 2대를 설치하여야 하는 경우 : 다음의 어느 하나에 해당하는 항공기. 이 경우 비상위치지시용 무선표지설비 2대 중 1대는 자동으로 작동되는 구조여야 하며, 2)의 경우 1대는 구명보트에 설치해야 한다.

   1) 승객의 좌석 수가 19석을 초과하는 비행기(항공운송사업에 사용되는 비행기만 해당한다)

   2) 비상착륙에 적합한 육지(착륙이 가능한 섬을 포함한다)로부터 순항속도로 10분의 비행거리 이상의 해상을 비행하는 제1종 및 제2종 헬리콥터, 회전날개에 의한 자동회전(Auto Rotation)에 의하여 착륙할 수 있는 거리 또는 안전한 비상착륙(Safe Forced Landing)을 할 수 있는 거리를 벗어난 해상을 비행하는 제3종 헬리콥터

   나. 1대를 설치하여야 하는 경우 : 가목에 해당하지 아니하는 항공기. 이 경우 비상위치지시용 무선표지설비는 자동으로 작동되는 구조여야 한다.

정답 01 ④

02 항공운송사업용 비행기에 장착해야 하는 기압고도에 관한 정보를 제공하는 트랜스폰더의 성능으로 옳은 것은?

① 고도 50피트 이하의 간격으로 기압고도정보(Pressure Altitude Information)를 관할 항공교통관제기관에 제공할 수 있을 것
② 고도 30피트 이하의 간격으로 기압고도정보(Pressure Altitude Information)를 관할 항공교통관제기관에 제공할 수 있을 것
③ 고도 100피트 이하의 간격으로 기압고도정보(Pressure Altitude Information)를 관할 항공교통관제기관에 제공할 수 있을 것
④ 고도 25피트 이하의 간격으로 기압고도정보(Pressure Altitude Information)를 관할 항공교통관제기관에 제공할 수 있을 것

해설

항공안전법 시행규칙 제107조(무선설비)
③ 제1항제2호에 따라 항공운송사업용 비행기에 장착해야 하는 기압고도에 관한 정보를 제공하는 트랜스폰더는 다음 각 호의 성능이 있어야 한다.
1. 고도 7.62미터(25피트) 이하의 간격으로 기압고도정보(Pressure Altitude Information)를 관할 항공교통관제기관에 제공할 수 있을 것
2. 해당 비행기의 위치(공중 또는 지상)에 대한 정보를 제공할 수 있을 것[해당 비행기에 비행기의 위치(공중 또는 지상 : Airborne/on-the-Ground Status)를 자동으로 감지하는 장치(Automatic Means of Detecting)가 장착된 경우만 해당한다]

03 항공운송사업에 사용되는 터빈발동기를 장착한 항공기로 계기비행으로 교체비행장이 요구될 경우 Holding Fuel은 몇 m(ft)에서 하는 것으로 계산되는가?

① 300m(1,000ft)
② 450m(1,500ft)
③ 600m(2,000ft)
④ 750m(2,500ft)

해설

항공안전법 시행규칙 제119조(연료와 오일) 별표 17

구분		연료 및 오일의 양
		터빈발동기 장착 항공기
항공운송사업용 및 항공기사용사업용 비행기	계기비행으로 교체비행장이 요구될 경우	다음 각 호의 양을 더한 양 1. 이륙 전에 소모가 예상되는 연료의 양 2. 이륙부터 최초 착륙예정 비행장에 착륙할 때까지 필요한 연료의 양 3. 이상사태 발생 시 연료소모가 증가할 것에 대비하기 위한 것으로서 운항기술기준에 정한 연료의 양 4. 다음 각 목의 어느 하나에 해당하는 연료의 양 가. 1개의 교체비행장이 요구되는 경우 : 다음의 양을 더한 양 1) 최초 착륙예정 비행장에서 한 번의 실패접근에 필요한 양 2) 교체비행장까지 상승비행, 순항비행, 강하비행, 접근비행 및 착륙에 필요한 양 나. 2개 이상의 교체비행장이 요구되는 경우 : 각각의 교체비행장에 대하여 가목에 따라 산정된 양 중 가장 많은 양 5. 교체비행장에 도착 시 예상되는 비행기의 중량 상태에서 표준대기상태에서의 체공속도로 교체비행장의 450미터(1,500피트)의 상공에서 30분간 더 비행할 수 있는 연료의 양 6. 그 밖에 비행기의 비행성능 등을 고려하여 운항기술기준에서 정한 추가 연료의 양

04 시계비행방식으로 비행하는 항공기에 갖추어야 할 계기로 옳지 않은 것은?

① 기압고도계　　② 속도계
③ 승강계　　　　④ 시계

해설

항공안전법 시행규칙 제117조(항공계기장치 등) 별표 16
항공계기 등의 기준(제117조제1항 관련)

비행구분	계기명	수량			
		비행기		헬리콥터	
		항공운송사업용	항공운송사업용 외	항공운송사업용	항공운송사업용 외
시계비행방식	나침반 (Magnetic Compass)	1	1	1	1
	시계 (시, 분, 초의 표시)	1	1	1	1
	정밀기압고도계 (Sensitive Pressure Altimeter)	1	—	1	1
	기압고도계 (Pressure Altimeter)	—	1	—	—
	속도계 (Airspeed Indicator)	1	1	1	1

05 항공기가 야간에 공중과 지상을 항행하는 경우 당해 항공기의 위치를 나타내기 위해 필요한 항공기의 등불은?

① 우현등, 좌현등, 미등
② 우현등, 좌현등, 충돌방지등
③ 우현등, 좌현등, 충돌방지등
④ 우현등, 좌현등, 미등, 충돌방지등

해설

항공안전법 시행규칙 제120조(항공기의 등불)
① 법 제54조에 따라 항공기가 야간에 공중·지상 또는 수상을 항행하는 경우와 비행장의 이동지역 안에서 이동하거나 엔진이 작동 중인 경우에는 우현등, 좌현등 및 미등(이하 "항행등"이라 한다)과 충돌방지등에 의하여 그 항공기의 위치를 나타내야 한다.

06 다음 중 항공종사자가 주정성분이 있는 음료의 섭취하고 정상적으로 업무를 수행할 수 없는 혈중 알코올 농도의 기준으로 옳은 것은?

① 0.01%　　　② 0.02%
③ 0.03%　　　④ 0.04%

해설

항공안전법 제57조(주류등의 섭취·사용 제한)
⑤ 주류등의 영향으로 항공업무 또는 객실승무원의 업무를 정상적으로 수행할 수 없는 상태의 기준은 다음 각 호와 같다.
1. 주정성분이 있는 음료의 섭취로 혈중알코올농도가 0.02퍼센트 이상인 경우
2. 「마약류 관리에 관한 법률」 제2조제1호에 따른 마약류를 사용한 경우
3. 「화학물질관리법」 제22조제1항에 따른 환각물질을 사용한 경우

07 국토교통부장관이 고시하는 항공안전프로그램에 포함되는 사항으로 옳지 않은 것은?

① 항공안전 위험도 관리
② 항공안전운항지침
③ 항공안전보증
④ 항공안전 정책 및 달성목표

정답　**04** ③　**05** ④　**06** ②　**07** ②

해설

항공안전법 제58조(국가 항공안전프로그램 등)

① 국토교통부장관은 다음 각 호의 사항이 포함된 항공안전프로그램을 마련하여 고시하여야 한다. 〈개정 2019. 8. 27.〉

1. 항공안전에 관한 정책, 달성목표 및 조직체계
2. 항공안전 위험도의 관리
3. 항공안전보증
4. 항공안전증진
5. 삭제 〈2019. 8. 27.〉
6. 삭제 〈2019. 8. 27.〉

08 다음 중 항공안전 의무보고 대상자로 옳지 않은 것은?

① 항공기 기장(항공기 기장이 보고 할 수 없는 경우에는 그 항공기의 소유자등을 말한다)

② 항공정비사(항공정비사가 보고할 수 없는 경우에는 그 항공정비사가 소속된 기관·법인 등의 대표자를 말한다)

③ 항공교통관제사(항공교통관제사가 보고할 수 없는 경우 그 관제사가 소속된 항공교통관제기구를 말한다)

④ 항행안전시설을 설치·관리하는 자

해설

항공안전법 시행규칙 제134조(항공안전 의무보고의 절차 등)의 항공안전 의무보고 및 자율보고 요령

3. 보고 대상자

　가. 항공안전 의무보고

　　1) 항공기사고·항공기준사고·항공안전장애를 발생시켰거나 발생한 것을 알게 된 다음의 항공종사자 등 관계인

　　　가) 항공기 기장(항공기 기장이 보고 할 수 없는 경우에는 그 항공기의 소유자등을 말한다)

　　　나) 항공정비사(항공정비사가 보고할 수 없는 경우에는 그 항공정비사가 소속된 기관·법인 등의 대표자를 말한다)

　　　다) 항공교통관제사(항공교통관제사가 보고할 수 없는 경우 그 관제사가 소속된 항공교통관제기관의 장을 말한다)

　　　라) 공항시설을 관리·유지하는 자

　　　마) 항행안전시설을 설치·관리하는 자

　　　바) 위험물 취급자

09 항공안전의무보고서 제출시기로 옳지 않은 것은?

① 항공기사고 : 즉시
② 항공기준사고 : 즉시
③ 항공기준사고 : 48시간
④ 항공등화 운영 및 유지관리 수준에 미달한 경우 : 즉시

해설

항공안전법 시행규칙 제134조(항공안전 의무보고의 절차 등)의 항공안전 의무보고 및 자율보고 요령

4. 보고시기

　가. 항공안전 의무보고

　　1) 항공기사고 및 항공기준사고 : 즉시

　　2) 항공안전장애

　　　가) 시행규칙 제134조 별표 20의 2 제1호부터 제4호까지, 제6호 및 제7호에 해당하는 항공안전장애 : 인지한 시점으로부터 72시간 이내(해당 기간에 포함된 토요일 및 법정공휴일에 해당하는 시간은 제외한다). 다만, 제6호가목, 나목 및 마목에 해당하는 사항은 즉시 보고

　　　나) 시행규칙 제134조 별표 20의 2 제5호에 해당하는 항공안전장애 : 인지한 시점으로부터 96시간 이내. 다만, 해당 기간에 포함된 토요일 및 법정공휴일에 해당하는 시간은 제외한다.

10 다음 중 항공안전 자율보고 대상으로 옳지 않은 것은?

① 경미한 항공안전장애를 발생시킨 경우
② 경미한 항공안전장애가 발생한 것을 알게 된 경우
③ 항공기사고, 항공기준사고, 항공안전장애가 발생된 경우
④ 경미한 항공안전장애가 발생될 것이 예상된다고 판단되는 경우

해설

항공안전법 시행규칙 제134조(항공안전 의무보고의 절차 등)의 항공안전 의무보고 및 자율보고 요령
나. 항공안전 자율보고
경미한 항공안전장애를 발생시켰거나 경미한 항공안전장애가 발생한 것을 안 사람 또는 경미한 항공안전장애가 발생될 것이 예상된다고 판단하는 사람(항공종사자 등 관계인, 항공기탑승ㆍ공항이용 등 항공교통서비스를 이용하는 항공교통이용자 등 전 국민을 말한다)

11 긴급항공기에 적용되지 않는 비행 중 금지행위로 옳은 것은?

① 낙하산 강하
② 무인항공기의 비행
③ 국토교통부령으로 정하는 최저비행고도 아래에서의 비행
④ 국토교통부령으로 정하는 구역에서 뒤집어서 비행하거나 옆으로 세워서 비행하는 등의 곡예비행

해설

항공안전법 제68조(항공기의 비행 중 금지행위 등)
항공기를 운항하려는 사람은 생명과 재산을 보호하기 위하여 다음 각 호의 어느 하나에 해당하는 비행 또는 행위를 해서는 아니 된다. 다만, 국토교통부령으로 정하는 바에 따라 국토교통부장관의 허가를 받은 경우에는 그러하지 아니하다.

1. 국토교통부령으로 정하는 최저비행고도(最低飛行高度) 아래에서의 비행
2. 물건의 투하(投下) 또는 살포
3. 낙하산 강하(降下)
4. 국토교통부령으로 정하는 구역에서 뒤집어서 비행하거나 옆으로 세워서 비행하는 등의 곡예비행
5. 무인항공기의 비행
6. 그 밖에 생명과 재산에 위해를 끼치거나 위해를 끼칠 우려가 있는 비행 또는 행위로서 국토교통부령으로 정하는 비행 또는 행위

항공안전법 제69조(긴급항공기의 지정 등)
① 응급환자의 수송 등 국토교통부령으로 정하는 긴급한 업무에 항공기를 사용하려는 소유자등은 그 항공기에 대하여 국토교통부장관의 지정을 받아야 한다.
② 제1항에 따라 국토교통부장관의 지정을 받은 항공기(이하 "긴급항공기"라 한다)를 제1항에 따른 긴급한 업무의 수행을 위하여 운항하는 경우에는 제66조 및 제68조제1호ㆍ제2호를 적용하지 아니한다.

12 다음 중 국토교통부령으로 정하는 긴급한 업무로 옳지 않은 것은?

① 화재의 진화
② 재난ㆍ재해 등으로 인한 수색ㆍ구조
③ 응급환자를 위한 장기(臟器) 이송
④ 불법 어선 등을 추적하는 경찰업무

해설

항공안전법 시행규칙 제207조(긴급항공기의 지정)
① 법 제69조제1항에서 "응급환자의 수송 등 국토교통부령으로 정하는 긴급한 업무"란 다음 각 호의 어느 하나에 해당하는 업무를 말한다.
   1. 재난ㆍ재해 등으로 인한 수색ㆍ구조
   2. 응급환자의 수송 등 구조ㆍ구급활동
   3. 화재의 진화
   4. 화재의 예방을 위한 감시활동
   5. 응급환자를 위한 장기(臟器) 이송
   6. 그 밖에 자연재해 발생 시의 긴급복구

정답 10 ③ 11 ③ 12 ④

13 다음 중 회항시간 연장운항의 승인을 받아야 하는 항공기로 옳지 않은 것은?

① 1개의 발동기를 가진 비행기
② 2개의 발동기를 가진 비행기
③ 3개 이상의 발동기를 가진 비행기의 모든 발동기가 작동할 때의 순항속도
④ 2개의 발동기를 가진 비행기가 1개의 발동기가 작동하지 아니할 때의 순항속도

해설

항공안전법 제74조(회항시간 연장운항의 승인)
① 항공운송사업자가 2개 이상의 발동기를 가진 비행기로서 국토교통부령으로 정하는 비행기를 다음 각 호의 구분에 따른 순항속도(巡航速度)로 가장 가까운 공항까지 비행하여 착륙할 수 있는 시간이 국토교통부령으로 정하는 시간을 초과하는 지점이 있는 노선을 운항하려면 국토교통부령으로 정하는 바에 따라 국토교통부장관의 승인을 받아야 한다.
  1. 2개의 발동기를 가진 비행기 : 1개의 발동기가 작동하지 아니할 때의 순항속도
  2. 3개 이상의 발동기를 가진 비행기 : 모든 발동기가 작동할 때의 순항속도

14 회항시간 연장운항의 승인에 해당하는 사항으로 옳은 것은?

① 최대인가승객 좌석 수가 30석 미만인 쌍발 비행기
② 최대인가승객 좌석 수가 50석 미만인 쌍발 비행기
③ 최대이륙중량이 42,000[kg] 미만인 터빈발동기를 장착한 쌍발 비행기
④ 최대이륙중량이 46,000[kg] 미만인 터빈발동기를 장착한 쌍발 비행기

해설

항공안전법 시행규칙 제215조(회항시간 연장운항의 승인)
② 법 제74조제1항 각 호 외의 부분에서 "국토교통부령으로 정하는 시간"이란 다음 각 호의 구분에 따른 시간을 말한다.
  1. 2개의 발동기를 가진 비행기 : 1시간. 다만, 최대인가승객 좌석 수가 20석 미만이며 최대이륙중량이 4만 5천 360킬로그램 미만인 비행기로서 「항공사업법 시행규칙」 제3조제3호에 따른 전세운송에 사용되는 비행기의 경우에는 3시간으로 한다.
  2. 3개 이상의 발동기를 가진 비행기 : 3시간

15 다음 중 여객운송에 사용되는 항공기로 승객을 운송하는 경우, 항공기에 장착된 승객의 좌석 수에 따라 객실에 정하는 수 이상의 객실승무원 설명으로 옳지 않은 것은?

① 20석 이상 50석 이하 : 1명
② 50석 이상 100석 이하 : 2명
③ 101석 이상 150석 이하 : 3명
④ 151석 이상 200석 이하 : 4명

해설

항공안전법 시행규칙 제218조(승무원 등의 탑승 등)
2. 여객운송에 사용되는 항공기로 승객을 운송하는 경우에는 항공기에 장착된 승객의 좌석 수에 따라 그 항공기의 객실에 다음 표에서 정하는 수 이상의 객실승무원

장착된 좌석 수	객실승무원 수
20석 이상 50석 이하	1명
51석 이상 100석 이하	2명
101석 이상 150석 이하	3명
151석 이상 200석 이하	4명
201석 이상	5명에 좌석 수 50석을 추가할 때마다 1명씩 추가

16 장착 좌석 수가 280석인 여객운송에 사용되는 비행기에 탑승시켜야 할 객실승무원의 수는?

① 4명   ② 5명
③ 6명   ④ 7명

해설

15번 문제 해설 참조

17 헬리콥터가 수색구조가 특별히 어려운 산악지역, 외딴 지역 및 국토교통부장관이 정한 해상 등을 횡단 비행할 때 장비하여야 할 구급용구로 옳은 것은?

① 개인 부양 장비
② 구명보트
③ 일상용 닻
④ 불꽃조난신호장비

해설

항공안전법 시행규칙 제110조(구급용구 등) 별표 15
항공기에 장비하여야 할 구급용구 등(제110조 관련)

구분	품목	수량	
		항공운송사업용 및 항공기 사용사업에 사용하는 경우	그 밖의 경우
수색구조가 특별히 어려운 산악지역, 외딴지역 및 국토교통부장관이 정한 해상 등을 횡단 비행하는 비행기(헬리콥터를 포함한다)	• 불꽃조난신호장비 • 구명장비	1기 이상 1기 이상	1기 이상 1기 이상

18 다음 중 항공운송사업용 여객기의 승객 좌석 수에 따른 손확성기의 수로 옳지 않은 것은?

① 99석 : 1개
② 199석 : 2개
③ 200석 : 3개
④ 300석 : 4개

해설

항공안전법 시행규칙 제110조(구급용구 등) 별표 15
항공운송사업용 여객기에는 다음 표의 손확성기를 갖춰 두어야 한다.

승객 좌석 수	손확성기
61석부터 99석까지	1
100석부터 199석까지	2
200석 이상	3

19 120석을 장착한 항공기에 필요한 손확성기 수로 옳은 것은?

① 1개   ② 2개
③ 3개   ④ 4개

해설

18번 문제 해설 참조

20 다음 중 항공기 승객 좌석 수에 따른 객실에 구비되는 소화기 수량으로 옳지 않은 것은?

① 30석 : 1개
② 60석 : 2개
③ 60석부터 200석 : 3개
④ 201석부터 300석 : 4개

해설

항공안전법 시행규칙 제110조(구급용구 등) 별표 15
항공기의 객실에는 다음 표의 소화기를 갖춰 두어야 한다.

승객 좌석 수	소화기의 수량
1) 6석부터 30석까지	1
2) 31석부터 60석까지	2
3) 61석부터 200석까지	3
4) 201석부터 300석까지	4
5) 301석부터 400석까지	5
6) 401석부터 500석까지	6
7) 501석부터 600석까지	7
8) 601석 이상	8

---

21 승객 좌석이 189석이 장착된 B737 항공기에 구비해야 할 소화기 수량으로 옳은 것은?

① 1개   ② 2개

③ 3개   ④ 4개

해설

19번 문제 해설 참조

---

22 국토교통부장관은 항공기 안전운항을 확보하기 위하여 항공기 운항기술기준을 정하여 고시하는데, 이것에 포함되지 않는 것은?

① 항공종사자 자격증명

② 항공기 감항성

③ 항공기 계기 및 장비

④ 항공기 형식증명

해설

항공안전법 제77조(항공기의 안전운항을 위한 운항기술기준)

① 국토교통부장관은 항공기 안전운항을 확보하기 위하여 이 법과 「국제민간항공협약」 및 같은 협약 부속서에서 정한 범위에서 다음 각 호의 사항이 포함된 운항기술기준을 정하여 고시할 수 있다.
1. 자격증명
2. 항공훈련기관
3. 항공기 등록 및 등록부호 표시
4. 항공기 감항성
5. 정비조직인증기준
6. 항공기 계기 및 장비
7. 항공기 운항
8. 항공운송사업의 운항증명 및 관리
9. 그 밖에 안전운항을 위하여 필요한 사항으로서 국토교통부령으로 정하는 사항

---

23 항공기가 활공기를 예항하는 경우 예항줄의 길이로 옳은 것은?

① 20미터 이상 60미터 이하

② 40미터 이상 80미터 이하

③ 50미터 이상 100미터 이하

④ 60미터 이상 90미터 이하

해설

항공안전법 시행규칙 제171조(활공기 등의 예항)

① 법 제67조에 따라 항공기가 활공기를 예항하는 경우에는 다음 각 호의 기준에 따라야 한다. 〈개정 2021. 8. 27.〉
1. 항공기에 연락원을 탑승시킬 것(조종자를 포함하여 2명 이상이 탈 수 있는 항공기의 경우만 해당하며, 그 항공기와 활공기 간에 무선통신으로 연락이 가능한 경우는 제외한다)
2. 예항하기 전에 항공기와 활공기의 탑승자 사이에 다음 각 목에 관하여 상의할 것
   가. 출발 및 예항의 방법
   나. 예항줄(항공기 등을 끌고 비행하기 위한 줄을 말한다. 이하 같다) 이탈의 시기·장소 및 방법
   다. 연락신호 및 그 의미
   라. 그 밖에 안전을 위하여 필요한 사항
3. 예항줄의 길이는 40미터 이상 80미터 이하로 할 것
4. 지상연락원을 배치할 것
5. 예항줄 길이의 80퍼센트에 상당하는 고도 이상의 고도에서 예항줄을 이탈시킬 것

정답   21 ③   22 ④   23 ②

6. 구름 속에서나 야간에는 예항을 하지 말 것(지방항공청장의 허가를 받은 경우는 제외한다)

24 항공기가 활공기 외의 물건을 예항하는 경우에는 예항줄에 붉은색과 흰색의 표지를 어느 간격으로 번갈아 붙여야 하는가?

① 10미터 ② 20미터
③ 40미터 ④ 80미터

해설

항공안전법 시행규칙 제171조(활공기 등의 예항)
② 항공기가 활공기 외의 물건을 예항하는 경우에는 다음 각 호의 기준에 따라야 한다.
   1. 예항줄에는 20미터 간격으로 붉은색과 흰색의 표지를 번갈아 붙일 것
   2. 지상연락원을 배치할 것

25 시계비행방식으로 비행 중인 항공기가 관제권 안의 비행장을 이륙하거나 접근할 수 없는 기상제한치는?

① 운고 1,500 피트 미만 또는 지상시정 8km 미만
② 운고 1,500 피트 미만 또는 지상시정 5km 미만
③ 운고 1,000 피트 미만 또는 지상시정 3km 미만
④ 운고 1,000 피트 미만 또는 지상시정 8km 미만

해설

항공안전법 시행규칙 제172조(시계비행의 금지)
① 법 제67조에 따라 시계비행방식으로 비행하는 항공기는 해당 비행장의 운고(구름 밑부분 고도를 말한다)가 450미터(1,500피트) 미만 또는 지상시정이 5킬로미터 미만인 경우에는 관제권 안의 비행장에서 이륙 또는 착륙을 하거나 관제권 안으로 진입할 수 없다. 다만, 관할 항공교통관제기관의 허가를 받은 경우에는 그렇지 않다. 〈개정 2021. 8. 27.〉

26 시계비행방식으로 비행하는 항공기는 기상상태에 관계없이 계기비행방식에 따라 비행해야 하는 경우로 옳은 것은?

① 평균해면으로부터 1,400미터를 초과하는 고도로 비행하는 경우
② 평균해면으로부터 3,050미터를 초과하는 고도로 비행하는 경우
③ 평균해면으로부터 4,500미터를 초과하는 고도로 비행하는 경우
④ 평균해면으로부터 6,100미터를 초과하는 고도로 비행하는 경우

해설

항공안전법 시행규칙 제172조(시계비행의 금지)
③ 항공기는 다음 각 호의 어느 하나에 해당되는 경우에는 기상상태에 관계없이 계기비행방식에 따라 비행해야 한다. 다만, 관할 항공교통관제기관의 허가를 받은 경우에는 그렇지 않다. 〈개정 2021. 8. 27.〉
   1. 평균해면으로부터 6,100미터(2만피트)를 초과하는 고도로 비행하는 경우
   2. 천음속(遷音速 : 물체 주위의 흐름 속에 음속 이하 부분과 음속 이상 부분이 공존할 때의 물체 속도를 말한다) 또는 초음속(超音速)으로 비행하는 경우

27 시계비행방식(VFR)으로 비행하는 항공기는 비행시정이 8천 미터일 때 구름으로부터의 거리 얼마가 되어야 시계상의 양호한 기상상태라고 보는가?

① 수평으로 500미터, 수직으로 300미터(1,000피트)
② 수평으로 1,000미터, 수직으로 300미터(1,000피트)
③ 수평으로 1,500미터, 수직으로 300미터(1,000피트)
④ 수평으로 2,000미터, 수직으로 300미터(1,000피트)

정답   24 ②   25 ②   26 ④   27 ③

해설

항공안전법 시행규칙 제175조(시계상의 양호한 기상상태), 별표 24
시계상의 양호한 기상상태(제175조 관련)

고도	공역	비행 시정	구름으로부터의 거리
1. 해발 3,050미터 (10,000피트) 이상	B · C · D · E · F 및 G등급	8천 미터	수평으로 1,500미터, 수직으로 300미터 (1,000피트)
2. 해발 3,050미터 (10,000피트) 미만에서 해발 900미터(3,000피트) 또는 장애물 상공 300미터(1,000피트) 중 높은 고도 초과	B · C · D · E · F 및 G등급	5천 미터	수평으로 1,500미터, 수직으로 300미터 (1,000피트)

고도	공역	비행 시정	구름으로부터의 거리
3. 해발 900미터 (3,000피트) 또는 장애물 상공 300미터(1,000피트) 중 높은 고도 이하	B · C · D 및 E등급	5천 미터	수평으로 1,500미터, 수직으로 300미터 (1,000피트)
	F 및 G등급	5천 미터	지표면 육안 식별 및 구름을 피할 수 있는 거리

28 다음 중 팔꿈치를 구부려 유도봉을 가슴 높이에서 머리 높이까지 위아래로 움직이는 유도신호는?

① 서행　　　　② 후진
③ 직진　　　　④ 착륙

해설

항공안전법 시행규칙 제194조(신호), 별표 26
유도신호(Marshalling Signals)

1. 항공기 안내(Wingwalker)

오른손의 유도봉을 위쪽을 향하게 한 채 머리 위로 들어 올리고, 왼손의 유도봉을 아래로 향하게 하면서 몸쪽으로 붙인다.

2. 출입문의 확인

양손의 유도봉을 위로 향하게 한 채 양팔을 쭉 펴서 머리 위로 올린다.

3. 다음 유도원에게 이동 또는 항공교통관제기관으로부터 지시받은 지역으로의 이동

양쪽 팔을 위로 올렸다가 내려 팔을 몸의 측면 바깥쪽으로 쭉 편 후 다음 유도원의 방향 또는 이동구역방향으로 유도봉을 가리킨다.

4. 직진

팔꿈치를 구부려 유도봉을 가슴 높이에서 머리 높이까지 위아래로 움직인다.

5. 좌회전(조종사 기준)

오른팔과 유도봉을 몸쪽 측면으로 직각으로 세운 뒤 왼손으로 직진신호를 한다. 신호동작의 속도는 항공기의 회전속도를 알려준다.

6. 우회전(조종사 기준)	
	왼팔과 유도봉을 몸쪽 측면으로 직각으로 세운 뒤 오른손으로 직진신호를 한다. 신호동작의 속도는 항공기의 회전속도를 알려준다.

7. 정지	
	유도봉을 쥔 양쪽 팔을 몸쪽 측면에서 직각으로 뻗은 뒤 천천히 두 유도봉이 교차할 때까지 머리 위로 움직인다.

8. 비상정지	
	빠르게 양쪽 유도봉을 든 팔을 머리 위로 뻗었다가 유도봉을 교차시킨다.

9. 브레이크 정렬	
	손바닥을 편 상태로 어깨 높이로 들어 올린다. 운항승무원을 응시한 채 주먹을 쥔다. 승무원으로부터 인지신호(엄지손가락을 올리는 신호)를 받기 전까지는 움직여서는 안 된다.

10. 브레이크 풀기	
	주먹을 쥐고 어깨높이로 올린다. 운항승무원을 응시한 채 손을 편다. 승무원으로부터 인지신호(엄지손가락을 올리는 신호)를 받기 전까지는 움직여서는 안 된다.

11. 고임목 삽입	
	팔과 유도봉을 머리 위로 쭉 뻗는다. 유도봉이 서로 닿을 때까지 안쪽으로 유도봉을 움직인다. 운항승무원에게 인지 표시를 반드시 수신하도록 한다.

12. 고임목 제거	
	팔과 유도봉을 머리 위로 쭉 뻗는다. 유도봉을 바깥쪽으로 움직인다. 운항승무원에게 인가받기 전까지 바퀴 고정 받침목을 제거해서는 안 된다.

13. 엔진 시동걸기	
	오른팔을 머리 높이로 들면서 유도봉을 위를 향한다. 유도봉으로 원 모양을 그리기 시작하면서 동시에 왼팔을 머리 높이로 들고 엔진시동 걸 위치를 가리킨다.

14. 엔진 정지	
	유도봉을 쥔 팔을 어깨높이로 들어 올려 왼쪽 어깨 위로 위치시킨 뒤 유도봉을 오른쪽·왼쪽 어깨로 목을 가로질러 움직인다.

15. 서행	
	허리부터 무릎 사이에서 위 아래로 유도봉을 움직이면서 뻗은 팔을 가볍게 툭툭 치는 동작으로 아래로 움직인다.

16. 한쪽 엔진의 출력 감소

양손의 유도봉이 지면을 향하게 하여 두 팔을 내린 후, 출력을 감소시키려는 쪽의 유도봉을 위아래로 흔든다.

17. 후진

몸 앞쪽의 허리높이에서 양팔을 앞쪽으로 빙글빙글 회전시킨다. 후진을 정지시키기 위해서는 신호 7 및 8을 사용한다.

18. 후진하면서 선회(후미 우측)

왼팔은 아래쪽을 가리키며 오른팔은 머리 위로 수직으로 세웠다가 옆으로 수평위치까지 내리는 동작을 반복한다.

19. 후진하면서 선회(후미 좌측)

오른팔은 아래쪽을 가리키며 왼팔은 머리 위로 수직으로 세웠다가 옆으로 수평위치까지 내리는 동작을 반복한다.

20. 긍정(Affirmative) / 모든 것이 정상임(All Clear)

오른팔을 머리 높이로 들면서 유도봉을 위로 향한다. 손 모양은 엄지손가락을 치켜세운다. 왼쪽 팔은 무릎 옆쪽으로 붙인다.

21. 공중정지(Hover) – 헬리콥터

유도봉을 든 팔을 90° 측면으로 편다.

22. 상승 – 헬리콥터

유도봉을 든 팔을 측면 수직으로 쭉 펴고 손바닥을 위로 향하면서 손을 위쪽으로 움직인다. 움직임의 속도는 상승률을 나타낸다.

23. 하강 – 헬리콥터

유도봉을 든 팔을 측면 수직으로 쭉 펴고 손바닥을 아래로 향하면서 손을 아래로 움직인다. 움직임의 속도는 강하율을 나타낸다.

24. 왼쪽으로 수평이동(조종사 기준) – 헬리콥터

팔을 오른쪽 측면 수직으로 뻗는다. 빗자루를 쓰는 동작으로 같은 방향으로 다른 쪽 팔을 이동시킨다.

25. 오른쪽으로 수평이동(조종사 기준) – 헬리콥터

팔을 왼쪽 측면 수직으로 뻗는다. 빗자루를 쓰는 동작으로 같은 방향으로 다른 쪽 팔을 이동시킨다.

26. 착륙 – 헬리콥터

몸의 앞쪽에서 유도봉을 쥔 양팔을 아래쪽으로 교차시킨다.

27. 화재

화재지역을 왼손으로 가리키면서 동시에 어깨와 무릎 사이의 높이에서 부채질 동작으로 오른손을 이동시킨다.

야간 – 유도봉을 사용하여 동일하게 움직인다.

28. 위치대기(Stand – By)

양팔과 유도봉을 측면에서 45°로 아래로 뻗는다. 항공기의 다음 이동이 허가될 때까지 움직이지 않는다.

29. 항공기 출발

오른손 또는 유도봉으로 경례하는 신호를 한다. 항공기의 지상이동(Taxi)이 시작될 때까지 운항승무원을 응시한다.

30. 조종장치를 손대지 말 것(기술적 · 업무적 통신신호)

머리 위로 오른팔을 뻗고 주먹을 쥐거나 유도봉을 수평방향으로 쥔다. 왼팔은 무릎 옆에 붙인다.

31. 지상 전원공급 연결(기술적 · 업무적 통신신호)

머리 위로 팔을 뻗어 왼손을 수평으로 손바닥이 보이도록 하고, 오른손의 손가락 끝이 왼손에 닿게 하여 "T"자 형태를 취한다. 밤에는 광채가 나는 유도봉을 이용하여 "T"자 형태를 취할 수 있다.

32. 지상 전원공급 차단(기술적 · 업무적 통신신호)

신호 31과 같이 한 후 오른손이 왼손에서 떨어지도록 한다. 운항승무원이 인가할 때까지 전원공급을 차단해서는 안 된다. 밤에는 광채가 나는 유도봉을 이용하여 "T"자 형태를 취할 수 있다.

33. 부정(기술적 · 업무적 통신신호)

오른팔을 어깨에서부터 90°로 곧게 뻗어 고정시키고, 유도봉을 지상 쪽으로 향하게 하거나 엄지손가락을 아래로 향하게 표시한다. 왼손은 무릎 옆에 붙인다.

34. 인터폰을 통한 통신의 구축(기술적 · 업무적 통신신호)

몸에서부터 90°로 양팔을 뻗은 후, 양손이 두 귀를 컵 모양으로 가리도록 한다.

35. 계단 열기 · 닫기

오른팔을 측면에 붙이고 왼팔을 45° 머리 위로 올린다. 오른팔을 왼쪽 어깨 위쪽으로 쓸어 올리는 동작을 한다.

29 다음 중 "국토교통부령으로 정하는 최저비행고도"에서 시계비행방식으로 비행하는 항공기에 해당되는 것은?

① 지표면·수면 또는 물건의 상단에서 150미터(500피트)의 고도

② 지표로부터 450미터(1,500피트) 미만의 고도

③ 산악지역에서는 항공기를 중심으로 반지름 8킬로미터 이내에 위치한 가장 높은 장애물로부터 300미터의 고도

④ 항공기를 중심으로 반지름 8킬로미터 이내에 위치한 가장 높은 장애물로부터 300미터의 고도

해설

항공안전법 시행규칙 제199조(최저비행고도)
법 제68조제1호에서 "국토교통부령으로 정하는 최저비행고도"란 다음 각 호와 같다.
1. 시계비행방식으로 비행하는 항공기
   가. 사람 또는 건축물이 밀집된 지역의 상공에서는 해당 항공기를 중심으로 수평거리 600미터 범위 안의 지역에 있는 가장 높은 장애물의 상단에서 300미터(1천피트)의 고도
   나. 가목 외의 지역에서는 지표면·수면 또는 물건의 상단에서 150미터(500피트)의 고도

30 다음 중 "국토교통부령으로 정하는 구역"인 곡예비행 금지구역으로 옳지 않은 것은?

① 관제구

② 사람 또는 건축물이 밀집한 지역의 상공

③ 지표로부터 1,500피트 미만의 고도

④ 해당 항공기를 중심으로 반지름 500미터 범위 안의 지역에 있는 가장 높은 장애물의 상단으로부터 1,500미터 이하의 고도

해설

항공안전법 시행규칙 제204조(곡예비행 금지구역)
법 제68조제4호에서 "국토교통부령으로 정하는 구역"이란 다음 각 호의 어느 하나에 해당하는 구역을 말한다.
1. 사람 또는 건축물이 밀집한 지역의 상공
2. 관제구 및 관제권
3. 지표로부터 450미터(1,500피트) 미만의 고도
4. 해당 항공기(활공기는 제외한다)를 중심으로 반지름 500미터 범위 안의 지역에 있는 가장 높은 장애물의 상단으로부터 500미터 이하의 고도
5. 해당 활공기를 중심으로 반지름 300미터 범위 안의 지역에 있는 가장 높은 장애물의 상단으로부터 300미터 이하의 고도

31 국토교통부령으로 정하는 곡예비행 금지구역은 지표로부터 몇 미터 미만의 고도인가?

① 100미터 　　② 250미터

③ 300미터 　　④ 450미터

해설

30번 문제 해설 참조

32 항공기가 비행장 안의 이동지역에서 이동할 때 따라야 하는 기준이 아닌 것은?

① 교차하거나 이와 유사하게 접근하는 항공기 상호간에는 다른 항공기를 좌측으로 보는 항공기가 진로를 양보할 것

② 앞지르기하는 항공기는 다른 항공기의 통행에 지장을 주지 않도록 충분한 분리 간격을 유지할 것

③ 기동지역에서 지상이동하는 항공기는 정지선등(Stop Bar Lights)이 꺼져 있는 경우에 이동할 것

④ 기동지역에서 지상이동하는 항공기는 관제탑의 지시가 없는 경우에는 활주로진입전 대기지점(Runway Holding Position)에서 정지 및 대기할 것

정답 　29 ① 　30 ④ 　31 ④ 　32 ①

해설

항공안전법 시행규칙 제162조(항공기의 지상이동)
법 제67조에 따라 비행장 안의 이동지역에서 이동하는 항공기는 충돌예방을 위하여 다음 각 호의 기준에 따라야 한다. 〈개정 2021. 8. 27.〉
1. 정면 또는 이와 유사하게 접근하는 항공기 상호간에는 모두 정지하거나 가능한 경우에는 충분한 간격이 유지되도록 각각 오른쪽으로 진로를 바꿀 것
2. 교차하거나 이와 유사하게 접근하는 항공기 상호간에는 다른 항공기를 우측으로 보는 항공기가 진로를 양보할 것
3. 앞지르기하는 항공기는 다른 항공기의 통행에 지장을 주지 않도록 충분한 분리 간격을 유지할 것
4. 기동지역에서 지상이동하는 항공기는 관제탑의 지시가 없는 경우에는 활주로진입전 대기지점(Runway Holding Position)에서 정지 · 대기할 것
5. 기동지역에서 지상이동하는 항공기는 정지선등(Stop Bar Lights)이 켜져 있는 경우에는 정지 · 대기하고, 정지선등이 꺼질 때 이동할 것

∞중∞

33 다음 중 비행기의 경우 "승무시간"에 대한 설명으로 옳은 것은?
① 주회전익이 회전하기 시작하기 시작한 때부터 주회전익이 정지된 때까지의 총 시간을 말한다.
② 운항승무원이 항공기 운영자의 요구에 따라 근무보고를 하거나 근무를 시작한 때부터 모든 근무가 끝난 때까지의 시간을 말한다.
③ 이륙을 목적으로 비행기가 최초로 움직이기 시작한 때부터 비행이 종료되어 최종적으로 비행기가 정지한 때까지의 총 시간을 말한다.
④ 운항승무원이 1개 구간 또는 연속되는 2개 구간 이상의 비행이 포함된 근무의 시작을 보고한 때부터 마지막 비행이 종료되어 최종적으로 항공기의 발동기가 정지된 때까지의 총 시간을 말한다.

해설

항공안전법 시행규칙 제127조(운항승무원의 승무시간 등의 기준 등), 별표 18
1. 승무시간(Flight Time) : 비행기의 경우 이륙을 목적으로 비행기가 최초로 움직이기 시작한 때부터 비행이 종료되어 최종적으로 비행기가 정지한 때까지의 총 시간을 말하며, 헬리콥터의 경우 주회전익이 회전하기 시작한 때부터 주회전익이 정지된 때까지의 총 시간을 말한다.
2. 비행근무시간(Flight Duty Period) : 운항승무원이 1개 구간 또는 연속되는 2개 구간 이상의 비행이 포함된 근무의 시작을 보고한 때부터 마지막 비행이 종료되어 최종적으로 항공기의 발동기가 정지된 때까지의 총 시간을 말한다.
3. 근무시간 : 운항승무원이 항공기 운영자의 요구에 따라 근무보고를 하거나 근무를 시작한 때부터 모든 근무가 끝난 때까지의 시간을 말한다.

∞중∞

34 응급구호 및 환자 이송을 하는 헬리콥터 운항승무원의 최대 승무시간이 연속 24시간일 때 옳은 것은?
① 8시간
② 500시간
③ 800시간
④ 1,400시간

해설

항공안전법 시행규칙 제127조(운항승무원의 승무시간 등의 기준 등), 별표 18
응급구호 및 환자 이송을 하는 헬리콥터 운항승무원의 최대 승무시간 기준

구분	연속 24시간	연속 3개월	연속 6개월	1년
최대 승무시간	8시간	500시간	800시간	1,400시간

정답 **33** ③ **34** ①

35 다음 중 통행의 우선순위로 옳지 않은 것은?

① 기구류는 비행선에 진로를 양보할 것
② 비행선은 기구류에 진로를 양보할 것
③ 헬리콥터는 비행선에 진로를 양보할 것
④ 헬리콥터는 항공기 또는 그 밖의 물건을 예항하는 다른 항공기에 진로를 양보할 것

해설

항공안전법 시행규칙 제166조(통행의 우선순위)
① 법 제67조에 따라 교차하거나 그와 유사하게 접근하는 고도의 항공기 상호 간에는 다음 각 호에 따라 진로를 양보해야 한다. 〈개정 2021. 8. 27.〉
  1. 비행기·헬리콥터는 비행선, 활공기 및 기구류에 진로를 양보할 것
  2. 비행기·헬리콥터·비행선은 항공기 또는 그 밖의 물건을 예항(끌고 비행하는 것을 말한다)하는 다른 항공기에 진로를 양보할 것
  3. 비행선은 활공기 및 기구류에 진로를 양보할 것
  4. 활공기는 기구류에 진로를 양보할 것
  5. 제1호부터 제4호까지의 경우를 제외하고는 다른 항공기를 우측으로 보는 항공기가 진로를 양보할 것

36 조종사가 군 비행장을 착륙하려는 경우 수행해야 할 절차로 옳은 것은?

① 해당 군 기관이 정한 계기착륙절차를 준수해야 한다.
② FAA에서 정한 계기착륙절차를 준수해야 한다.
③ ICAO에서 권고하는 계기착륙절차를 준수해야 한다.
④ 국토교통부에서 고시하는 계기착륙절차를 준수해야 한다.

해설

항공안전법 시행규칙 제180조(계기비행방식 등에 의한 비행·접근·착륙 및 이륙)
⑦ 조종사는 군 비행장에서 이륙 또는 착륙하거나 군 기관이 관할하는 공역을 비행하는 경우에는 해당 군 비행장 또는 군 기관이 정한 계기비행절차 또는 관제지시를 준수하여야 한다. 다만, 해당 군 비행장 또는 군 기관의 장과 협의하여 국토교통부장관이 따로 정한 경우에는 그러하지 아니하다.

37 관제탑과 항공기와의 무선통신이 두절된 경우 관제탑에서 비행 중인 항공기를 착륙하여 계류장으로 가라는 의미의 빛총신호로 옳은 것은?

① 연속되는 녹색
② 깜빡이는 흰색
③ 깜빡이는 붉은색
④ 연속되는 붉은색

해설

항공안전법 시행규칙 제194조(신호), 별표 26
무선통신 두절 시의 연락방법(빛총신호)

신호의 종류	의미		
	비행 중인 항공기	지상에 있는 항공기	차량·장비 및 사람
연속되는 녹색	착륙을 허가함	이륙을 허가함	
연속되는 붉은색	다른 항공기에 진로를 양보하고 계속 선회할 것	정지할 것	정지할 것
깜빡이는 녹색	착륙을 준비할 것(착륙 및 지상유도를 위한 허가가 뒤이어 발부)	지상 이동을 허가함	통과하거나 진행할 것

신호의 종류	의미		
	비행 중인 항공기	지상에 있는 항공기	차량·장비 및 사람
깜빡이는 붉은색	비행장이 불안전하니 착륙하지 말 것	사용 중인 착륙지역으로부터 벗어날 것	활주로 또는 유도로에서 벗어날 것
깜빡이는 흰색	착륙하여 계류장으로 갈 것	비행장 안의 출발지점으로 돌아갈 것	비행장 안의 출발지점으로 돌아갈 것

38 관제탑과 항공기와의 무선통신이 두절된 경우 관제탑에서 비행 중인 항공기에 보내는 깜빡이는 백색신호의 의미는?

① 착륙하지 말 것
② 진로를 양보하고 계속 선회할 것
③ 착륙을 준비할 것
④ 착륙하여 계류장으로 갈 것

해설

37번 문제 해설 참조

39 외국 정부가 관할하는 지역에서 비행 중 항공기가 요격을 받았을 경우 올바른 절차는?

① 국제민간항공기구에서 정한 절차와 방식을 따라야 한다.
② 해당 국가에서 정한 절차와 방식을 따라야 한다.
③ 항공기 국적 국가에서 정한 절차와 방식을 따라야 한다.
④ 지방항행안전협의체 회의에서 정한 절차와 방식을 따라야 한다.

해설

항공안전법 시행규칙 제196조(요격)
② 피요격(被邀擊)항공기의 기장은 별표 26 제3호에 따른 시각신호를 이해하고 응답하여야 하며, 요격절차와 요격방식 등을 준수하여 요격에 응하여야 한다. 다만, 대한민국이 아닌 외국정부가 관할하는 지역을 비행하는 경우에는 해당 국가가 정한 절차와 방식으로 그 국가의 요격에 응하여야 한다.

40 비행계획을 제출하여야 하는 자 중 두 나라 이상을 운항하는 자는 출항하는 경우 항공기 입출항 신고서를 지방항공청장에게 언제까지 제출해야 하는가?

① 출항 준비가 끝나기 전
② 출항 준비가 끝나는 즉시
③ 국내 목적공항 도착 예정 시간 2시간 전까지
④ 출발국에서 출항 후 20분 이내

해설

항공안전법 시행규칙 제182조(비행계획의 제출 등)
④ 제1항 본문에 따라 비행계획을 제출하여야 하는 자 중 국내에서 유상으로 여객이나 화물을 운송하는 자 또는 두 나라 이상을 운항하는 자는 다음 각 호의 구분에 따른 시기까지 별지 제73호서식의 항공기 입출항 신고서(GENERAL DECLARATION)를 지방항공청장에게 제출(정보통신망을 이용할 경우에는 해당 정보통신망에서 사용하는 양식에 따른다)하여야 한다.
1. 국내에서 유상으로 여객이나 화물을 운송하는 자 : 출항 준비가 끝나는 즉시
2. 두 나라 이상을 운항하는 자
  가. 입항의 경우 : 국내 목적공항 도착 예정 시간 2시간 전까지. 다만, 출발국에서 출항 후 국내 목적공항까지의 비행시간이 2시간 미만인 경우에는 출발국에서 출항 후 20분 이내까지 할 수 있다.
  나. 출항의 경우 : 출항 준비가 끝나는 즉시

41 지상접근경고장치(Ground Proximity Warn-ing System)을 장착해야 하는 항공기는?

① 최대이륙중량이 1만5천킬로그램을 초과하거나 승객 30명을 초과하여 수송할 수 있는 터빈발동기를 장착한 항공운송사업 외의 용도로 사용되는 모든 비행기

② 최대이륙중량이 1만5천킬로그램을 초과하거나 승객 19명을 초과하여 수송할 수 있는 터빈발동기를 장착한 항공운송사업 외의 용도로 사용되는 모든 비행기

③ 최대이륙중량이 5,700킬로그램을 초과하거나 승객 5명을 초과하여 수송할 수 있는 터빈발동기를 장착한 비행기

④ 최대이륙중량이 5,700킬로그램을 초과하거나 승객 9명을 초과하여 수송할 수 있는 터빈발동기를 장착한 비행기

해설

항공안전법 시행규칙 제109조(사고예방장치 등)
2. 다음 각 목의 어느 하나에 해당하는 비행기 및 헬리콥터에는 그 비행기 및 헬리콥터가 지표면에 근접하여 잠재적인 위험상태에 있을 경우 적시에 명확한 경고를 운항승무원에게 자동으로 제공하고 전방의 지형지물을 회피할 수 있는 기능을 가진 지상접근경고장치(Ground Proxi-mity Warning System) 1기 이상
   가. 최대이륙중량이 5,700킬로그램을 초과하거나 승객 9명을 초과하여 수송할 수 있는 터빈발동기를 장착한 비행기
   나. 최대이륙중량이 5,700킬로그램 이하이고 승객 5명 초과 9명 이하를 수송할 수 있는 터빈발동기를 장착한 비행기
   다. 최대이륙중량이 5,700킬로그램을 초과하거나 승객 9명을 초과하여 수송할 수 있는 왕복발동기를 장착한 모든 비행기

42 다음 중 비행기에 장착되는 지상접근경고장치(GPWS)가 제공해야 하는 경고 성능으로 옳지 않은 것은?

① 과도한 선회율이 발생하는 경우
② 과도한 강하율이 발생하는 경우
③ 지형지물에 대한 과도한 접근율이 발생하는 경우
④ 이륙 또는 복행 후 과도한 고도의 손실이 있는 경우

해설

항공안전법 시행규칙 제109조(사고예방장치 등)
② 제1항제2호에 따른 지상접근경고장치는 다음 각 호의 구분에 따라 경고를 제공할 수 있는 성능이 있어야 한다.
   1. 제1항제2호가목에 해당하는 비행기의 경우에는 다음 각 목의 경우에 대한 경고를 제공할 수 있을 것
      가. 과도한 강하율이 발생하는 경우
      나. 지형지물에 대한 과도한 접근율이 발생하는 경우
      다. 이륙 또는 복행 후 과도한 고도의 손실이 있는 경우
      라. 비행기가 다음의 착륙형태를 갖추지 아니한 상태에서 지형지물과의 안전거리를 유지하지 못하는 경우
         1) 착륙바퀴가 착륙위치로 고정
         2) 플랩의 착륙위치
      마. 계기활공로 아래로의 과도한 강하가 이루어진 경우

43 외국 국적을 가진 항공기의 사용자(외국, 외국의 공공단체 또는 이에 준하는 자를 포함한다)가 국토교통부장관의 허가를 받고 항행해야 하는 경우로 옳지 않은 것은?

① 영공 밖에서 이륙하여 대한민국에 착륙하는 항행
② 대한민국에서 이륙하여 영공 밖에 착륙하는 항행
③ 대한민국과 공역을 체결한 국가에 착륙하는 항행

정답   41 ④   42 ①   43 ③

④ 영공 밖에서 이륙하여 대한민국에 착륙하지 않고 영공을 통과하여 영공 밖에 착륙하는 항행

해설

항공안전법 제100조(외국항공기의 항행)

① 외국 국적을 가진 항공기의 사용자(외국, 외국의 공공단체 또는 이에 준하는 자를 포함한다)는 다음 각 호의 어느 하나에 해당하는 항행을 하려면 국토교통부장관의 허가를 받아야 한다. 다만, 「항공사업법」 제54조 및 제55조에 따른 허가를 받은 자는 그러하지 아니하다.

1. 영공 밖에서 이륙하여 대한민국에 착륙하는 항행
2. 대한민국에서 이륙하여 영공 밖에 착륙하는 항행
3. 영공 밖에서 이륙하여 대한민국에 착륙하지 아니하고 영공을 통과하여 영공 밖에 착륙하는 항행

---

44 계기비행의 절차로 옳지 않은 것은?

① 비정밀접근절차
② 표준계기도착절차
③ 표준계기출발절차
④ 수직분리정보에 의한 계기접근절차

해설

항공안전법 시행규칙 제177조(계기 접근 및 출발 절차 등)

① 법 제67조에 따라 계기비행의 절차는 다음 각 호와 같이 구분한다. 〈개정 2020. 2. 28.〉

1. 비정밀접근절차 : 전방향표지시설(VOR), 전술항행표지시설(TACAN) 등 전자적인 활공각(滑空角) 정보를 이용하지 아니하고 활주로방위각 정보를 이용하는 계기접근절차
2. 정밀접근절차 : 계기착륙시설(Instrument Landing System/ILS, Microwave Landing System/MLS, GPS Landing System/GLS) 또는 위성항법시설(Satellite Based Augmentation System/SBAS Cat Ⅰ)을 기반으로 하여 활주로방위각 및 활공각 정보를 이용하는 계기접근절차
3. 수직유도정보에 의한 계기접근절차: 활공각 및 활주로방위각 정보를 제공하며, 최저강하고도 또는 결심고도가 75미터(250피트) 이상으로 설계된 성능기반항행

(Performance Based Navigation/PBN) 계기접근절차

4. 표준계기도착절차 : 항공로에서 제1호부터 제3호까지의 규정에 따른 계기접근절차로 연결하는 계기도착절차
5. 표준계기출발절차 : 비행장을 출발하여 항공로를 비행할 수 있도록 연결하는 계기출발절차

---

45 항공기의 운항과 관련된 시간을 전파하거나 보고하기 위한 방법으로 옳지 않은 것은?

① 12시간을 기준으로 오전, 오후로 나누는 표준시간을 분 단위로 사용하여 표시하여야 한다.
② 관제비행을 하려는 자는 관제비행의 시작 전과 비행 중에 필요하면 시간을 점검하여야 한다.
③ 데이터링크통신에 따라 시간을 이용하려는 경우에는 국제표준시를 기준으로 1초 이내의 정확도를 유지·관리하여야 한다.
④ 국제표준시(UTC:Coordinated Universal Time)를 사용하여야 하며, 시각은 자정을 기준으로 하루 24시간을 시·분으로 표시하되, 필요하면 초 단위까지 표시하여야 한다.

해설

항공안전법 시행규칙 제195조(시간)

① 법 제67조에 따라 항공기의 운항과 관련된 시간을 전파하거나 보고하려는 자는 국제표준시(UTC: Coordinated Universal Time)를 사용하여야 하며, 시각은 자정을 기준으로 하루 24시간을 시·분으로 표시하되, 필요하면 초 단위까지 표시하여야 한다.
② 관제비행을 하려는 자는 관제비행의 시작 전과 비행 중에 필요하면 시간을 점검하여야 한다.
③ 데이터링크통신에 따라 시간을 이용하려는 경우에는 국제표준시를 기준으로 1초 이내의 정확도를 유지·관리하여야 한다.

정답 44 ④ 45 ①

01 다음 중 주의공역에 대한 설명으로 옳은 것은?

① 항공교통의 안전을 위하여 항공기의 비행 순서 · 시기 및 방법 등에 관하여 제84조제1항에 따라 국토교통부장관 또는 항공교통업무증명을 받은 자의 지시를 받아야 할 필요가 있는 공역으로서 관제권 및 관제구를 포함하는 공역

② 관제공역 외의 공역으로서 항공기의 조종사에게 비행에 관한 조언 · 비행정보 등을 제공할 필요가 있는 공역

③ 항공교통의 안전을 위하여 항공기의 비행을 금지하거나 제한할 필요가 있는 공역

④ 항공기의 조종사가 비행 시 특별한 주의 · 경계 · 식별 등이 필요한 공역

해설

항공안전법 제78조(공역 등의 지정)
① 국토교통부장관은 공역을 체계적이고 효율적으로 관리하기 위하여 필요하다고 인정할 때에는 비행정보구역을 다음 각 호의 공역으로 구분하여 지정 · 공고할 수 있다.
  1. 관제공역 : 항공교통의 안전을 위하여 항공기의 비행 순서 · 시기 및 방법 등에 관하여 제84조제1항에 따라 국토교통부장관 또는 항공교통업무증명을 받은 자의 지시를 받아야 할 필요가 있는 공역으로서 관제권 및 관제구를 포함하는 공역
  2. 비관제공역 : 관제공역 외의 공역으로서 항공기의 조종사에게 비행에 관한 조언 · 비행정보 등을 제공할 필요가 있는 공역
  3. 통제공역 : 항공교통의 안전을 위하여 항공기의 비행을 금지하거나 제한할 필요가 있는 공역
  4. 주의공역 : 항공기의 조종사가 비행 시 특별한 주의 · 경계 · 식별 등이 필요한 공역

02 다음 중 통제공역에 대한 설명으로 옳은 것은?

① 항공교통의 안전을 위하여 항공기의 비행 순서 · 시기 및 방법 등에 관하여 제84조제1항에 따라 국토교통부장관 또는 항공교통업무증명을 받은 자의 지시를 받아야 할 필요가 있는 공역으로서 관제권 및 관제구를 포함하는 공역

② 관제공역 외의 공역으로서 항공기의 조종사에게 비행에 관한 조언 · 비행정보 등을 제공할 필요가 있는 공역

③ 항공교통의 안전을 위하여 항공기의 비행을 금지하거나 제한할 필요가 있는 공역

④ 항공기의 조종사가 비행 시 특별한 주의 · 경계 · 식별 등이 필요한 공역

해설

1번 문제 해설 참조

03 항공기의 조종사가 비행 시 특별한 주의 · 경계 · 식별 등이 필요한 공역으로 옳은 것은?

① 관제공역
② 비관제공역
③ 통제공역
④ 주의공역

해설

1번 문제 해설 참조

정답   01 ④   02 ③   03 ④

04 공역의 설정기준으로 옳지 않은 것은?

① 국가안전보장과 항공안전을 고려할 것
② 이용자의 편의에 적합하게 공역을 구분할 것
③ 항공교통에 관한 서비스의 제공 여부를 고려할 것
④ 공역이 항공안전보다는 경제적으로 활용될 수 있을 것

해,설

항공안전법 시행규칙 제221조(공역의 구분 · 관리 등)
② 법 제78조제3항에 따른 공역의 설정기준은 다음 각 호와 같다.
  1. 국가안전보장과 항공안전을 고려할 것
  2. 항공교통에 관한 서비스의 제공 여부를 고려할 것
  3. 이용자의 편의에 적합하게 공역을 구분할 것
  4. 공역이 효율적이고 경제적으로 활용될 수 있을 것

05 다음 중 공역의 설정 및 관리에 필요한 사항을 심의하기 위하여 국토교통부장관 소속으로 설치하는 것은?

① 한국교통안전공단
② 한국공항공사
③ 공역위원회
④ 공역협의위원회

해,설

항공안전법 제80조(공역위원회의 설치)
① 제78조에 따른 공역의 설정 및 관리에 필요한 사항을 심의하기 위하여 국토교통부장관 소속으로 공역위원회를 둔다.

06 국토교통부장관은 항공기 운항안전을 위해 비행정보를 제공한다. 옳지 않은 것은?

① 비행장 이착륙을 하는 항공기의 운항에 장애가 되는 사항
② 비행장 이착륙 기상 최저치 등의 설정과 변경에 관한 사항
③ 항행안전시설의 중요한 변경
④ 항공로 내의 높이 150m 이상의 공역에서 기상관측을 위한 무인기구 계류

해,설

항공안전법 시행규칙 제255조(항공정보)
① 법 제89조제1항에 따른 항공정보의 내용은 다음 각 호와 같다.
  1. 비행장과 항행안전시설의 공용의 개시, 휴지, 재개(再開) 및 폐지에 관한 사항
  2. 비행장과 항행안전시설의 중요한 변경 및 운용에 관한 사항
  3. 비행장을 이용할 때에 있어 항공기의 운항에 장애가 되는 사항
  4. 비행의 방법, 결심고도, 최저강하고도, 비행장 이륙 · 착륙 기상 최저치 등의 설정과 변경에 관한 사항
  5. 항공교통업무에 관한 사항
  6. 다음 각 목의 공역에서 하는 로켓 · 불꽃 · 레이저광선 또는 그 밖의 물건의 발사, 무인기구(기상관측용 및 완구용은 제외한다)의 계류 · 부양 및 낙하산 강하에 관한 사항
    가. 진입표면 · 수평표면 · 원추표면 또는 전이표면을 초과하는 높이의 공역
    나. 항공로 안의 높이 150미터 이상인 공역
    다. 그 밖에 높이 250미터 이상인 공역
  7. 그 밖에 항공기의 운항에 도움이 될 수 있는 사항

07 국토교통부장관이 제공하는 항공정보로 옳지 않은 것은?

① NOTAM

② AIP

③ AIM

④ AIC

해,설

항공안전법 시행규칙 제255조(항공정보)

② 제1항에 따른 항공정보는 다음 각 호의 어느 하나의 방법으로 제공한다.

　1. 항공정보간행물(AIP)

　2. 항공고시보(NOTAM)

　3. 항공정보회람(AIC)

　4. 비행 전·후 정보(Pre – Flight and Post – Flight Informa – tion)를 적은 자료

08 다음 중 대규모 훈련, 대량이동 등 비정상 형태 항공활동이 수행되는 구역으로 옳은 것은?

① 위험공역

② 통제공역

③ 주의공역

④ 경계구역

해,설

항공안전법 시행규칙 제221조(공역의 구분·관리 등) – 공역관리규정 제11조(주의공역지정)

① 국토교통부장관은 항공기 등에 대하여 비행을 금지 또는 제한할 수준에 미치지 못하는 잠재적 위험요소에 대한 주의를 알리기 위해 다음 각 호의 경우 인천 FIR 내의 일부 공역에 대한 공역을 지정할 수 있다. 다만, 3개월 미만의 일시적 공역에 관한 사항은 지방항공청장 또는 항공교통본부장이 처리할 수 있다.

　1. 비행 시 지상시설물에 대한 위험이 예상되는 구역

　2. 대규모 훈련, 대량이동 등 비정상 형태 항공활동이 수행되는 구역

　3. 무인항공기 및 무인비행장치 비행

　4. 무인자유기구의 운영

　5. 기상관측, 연구를 위한 로켓·미사일 발사

　6. 유연성의 가스 방산

　7. 그 밖에 국토교통부장관이 필요하다고 인정하는 경우

② 제1항의 규정에 의한 공역 설정 시에는 항공교통업무의 제공에 관한 사항을 고려하여야 한다.

CHAPTER

03

항공보안법

[이 장의 특징]

항공교통안전관리자로서 항공보안법은 항공기 및 공항 시설물, 항공 운송과 서비스 등 항공교통분야에서 발생할 수 있는 테러, 위협 및 폭력행위 등을 예방하고 대응하기 위해 수립되었다.

따라서 항공교통안전관리자는 항공보안법을 숙지하고, 이를 바탕으로 항공보안계획을 수립, 운영 그리고 감독하며, 위협 및 폭력행위 발생 시 적절한 대응을 수행해야 한다. 항공보안법을 준수하는 것은 항공기 및 여객의 안전을 확보하는 데 중요한 역할을 한다.

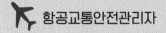

01 │ 총칙

01 항공보안법에서 정의하는 "운항중"이란?

① 비행을 목적으로 움직이는 순간부터 비행이 종료되어 발동기가 정지되는 순간까지를 말한다.

② 승객이 탑승한 후 항공기의 모든 문이 닫힌 때부터 내리기 위하여 문을 열 때까지를 말한다.

③ 사람이 비행을 목적으로 항공기에 탑승하였을 때부터 탑승한 모든 사람이 항공기에서 내릴 때까지를 말한다.

④ 이륙을 위해 승객이 탑승한 후 탑승교가 이현한 때부터 착륙 후 내리기 위하여 탑승교가 접현할 때까지를 말한다.

해설

항공보안법 제2조(정의)

1. "운항중"이란 승객이 탑승한 후 항공기의 모든 문이 닫힌 때부터 내리기 위하여 문을 열 때까지를 말한다.

02 항공보안법률을 위반하는 사항으로 옳지 않은 것은?

① 해당 항공기 항공사에서 농성을 피우는 행위

② 항공기 또는 공항에서 사람을 인질로 삼는 행위

③ 항공기에 무단 침입하거나 위험한 항로로 항공기를 운용하는 행위

④ 지상에 있거나 운항중인 항공기의 안전을 위협하는 거짓 정보를 제공하는 행위

해설

항공보안법 제2조(정의)

8. "불법방해행위"란 항공기의 안전운항을 저해할 우려가

있거나 운항을 불가능하게 하는 행위로서 다음 각 목의 행위를 말한다.

가. 지상에 있거나 운항중인 항공기를 납치하거나 납치를 시도하는 행위

나. 항공기 또는 공항에서 사람을 인질로 삼는 행위

다. 항공기, 공항 및 항행안전시설을 파괴하거나 손상시키는 행위

라. 항공기, 항행안전시설 및 제12조에 따른 보호구역(이하 "보호구역"이라 한다)에 무단 침입하거나 운영을 방해하는 행위

마. 범죄의 목적으로 항공기 또는 보호구역 내로 제21조에 따른 무기 등 위해물품(危害物品)을 반입하는 행위

바. 지상에 있거나 운항중인 항공기의 안전을 위협하는 거짓 정보를 제공하는 행위 또는 공항 및 공항시설 내에 있는 승객, 승무원, 지상근무자의 안전을 위협하는 거짓 정보를 제공하는 행위

사. 사람을 사상(死傷)에 이르게 하거나 재산 또는 환경에 심각한 손상을 입힐 목적으로 항공기를 이용하는 행위

아. 그 밖에 이 법에 따라 처벌받는 행위

03 민간항공의 보안을 위하여 규정하는 국제협약으로 옳지 않은 것은?

① 항공기의 불법납치 억제를 위한 협약

② 항공기 내에서 범한 범죄 및 기타 행위에 관한 협약

③ 민간항공의 안전에 대한 불법적 행위의 억제를 위한 협약

④ 민간항공의 안전에 대한 불법적 행위의 억제를 위한 협약을 보충하는 미연방항공청(FAA)에서 사용되는 공항에서의 불법적 폭력 행위의 억제를 위한 의정서

정답 01 ② 02 ① 03 ④

해,설

항공보안법 제3조(국제협약의 준수)

① 민간항공의 보안을 위하여 이 법에서 규정하는 사항 외에는 다음 각 호의 국제협약에 따른다. 〈개정 2013. 4. 5.〉

1. 「항공기 내에서 범한 범죄 및 기타 행위에 관한 협약」
2. 「항공기의 불법납치 억제를 위한 협약」
3. 「민간항공의 안전에 대한 불법적 행위의 억제를 위한 협약」
4. 「민간항공의 안전에 대한 불법적 행위의 억제를 위한 협약을 보충하는 국제민간항공에 사용되는 공항에서의 불법적 폭력행위의 억제를 위한 의정서」
5. 「가소성 폭약의 탐지를 위한 식별조치에 관한 협약」

② 제1항에 따른 국제협약 외에 항공보안에 관련된 다른 국제협약이 있는 경우에는 그 협약에 따른다. 〈개정 2013. 4. 5.〉

[전문개정 2010. 3. 22.]

02 항공보안협의회 등

01 다음 중 항공보안에 관련되는 사항을 협의하기 위하여 국토교통부에 설치하는 것은?

① 항공보안협의회
② 지방항공보안협의회
③ 항공안전협의회
④ 공항안전운영협의회

해설

항공보안법 제7조(항공보안협의회)
① 항공보안에 관련되는 다음 각 호의 사항을 협의하기 위하여 국토교통부에 항공보안협의회를 둔다. 〈개정 2013. 3. 23., 2013. 4. 5., 2020. 12. 15.〉
  1. 항공보안에 관한 계획의 협의
  2. 관계 행정기관 간 업무 협조
  3. 제10조제2항에 따른 자체 보안계획의 승인을 위한 협의
  4. 그 밖에 항공보안을 위하여 항공보안협의회의 장이 필요하다고 인정하는 사항. 다만, 「국가정보원법」 제4조에 따른 대테러에 관한 사항은 제외한다.

02 국토교통부장관은 공항운영자, 항공운송사업자, 항공기취급업체, 항공기정비업체, 공항상주업체, 항공여객·화물터미널운영자, 그 밖에 국토교통부령으로 정하는 자(이하 "공항운영자등"이라 한다)에게 항공보안 기본계획을 몇 년마다 수립하여 통보하여야 하는가?

① 1년
② 3년
③ 5년
④ 7년

해설

항공보안법 제9조(항공보안 기본계획)
① 국토교통부장관은 항공보안에 관한 기본계획(이하 "기본계획"이라 한다)을 5년마다 수립하고, 그 내용을 공항운영자, 항공운송사업자, 항공기취급업체, 항공기정비업체, 공항상주업체, 항공여객·화물터미널운영자, 그 밖에 국토교통부령으로 정하는 자(이하 "공항운영자등"이라 한다)에게 통보하여야 한다. 〈개정 2013. 3. 23., 2013. 4. 5.〉

03 다음 중 공항운영자가 수립하는 자체 보안계획에 포함되는 사항으로 옳지 않은 것은?

① 보호구역 지정 및 출입통제
② 승객·휴대물품 및 위탁수하물에 대한 보안검색
③ 승객의 일치여부 확인 절차
④ 항공기에 대한 경비대책

해설

항공보안법 시행규칙 제3조의4(공항운영자의 자체 보안계획)
① 법 제10조제2항에 따라 공항운영자가 수립하는 자체 보안계획에는 다음 각 호의 사항이 포함되어야 한다. 〈개정 2014. 4. 4.〉
  1. 항공보안업무 담당 조직의 구성·세부업무 및 보안책임자의 지정
  2. 항공보안에 관한 교육훈련
  3. 항공보안에 관한 정보의 전달 및 보고 절차
  4. 공항시설의 경비대책
  5. 보호구역 지정 및 출입통제
  6. 승객·휴대물품 및 위탁수하물에 대한 보안검색
  7. 통과 승객·환승 승객 및 그 휴대물품·위탁수하물에 대한 보안검색
  8. 승객의 일치여부 확인 절차

정답 01 ① 02 ③ 03 ④

9. 항공보안검색요원의 운영계획
10. 법 제12조에 따른 보호구역 밖에 있는 공항상주업체의 항공보안관리 대책
11. 항공보안장비의 관리 및 운용
12. 법 제19조제1항에 따른 보안검색 실패 등에 대한 대책 및 보고 · 전달체계
13. 법 제29조에 따른 보안검색 기록의 작성 · 유지
14. 공항별 특성에 따른 세부 보안기준
② 공항운영자는 자체 보안계획을 승인 받은 경우 관련 기관, 항공운송사업자 등에게 관련 사항을 통보하여야 한다.

04 다음 중 항공운송사업자가 수립하는 자체 보안계획에 포함되는 사항으로 옳지 않은 것은?

① 기내 보안장비 운용절차
② 항공기에 대한 경비대책
③ 비행 전 · 후 항공기에 대한 보안점검
④ 승객 · 휴대물품 및 위탁수하물에 대한 보안검색

해설

항공보안법 시행규칙 제3조의5(항공운송사업자의 자체 보안계획)
① 법 제10조제2항에 따라 항공운송사업자가 수립하는 자체 보안계획에는 다음 각 호의 사항이 포함되어야 한다. 〈개정 2014. 4. 4.〉
  1. 항공보안업무 담당 조직의 구성 · 세부업무 및 보안책임자의 지정
  2. 항공보안에 관한 교육훈련
  3. 항공보안에 관한 정보의 전달 및 보고 절차
  4. 항공기 정비시설 등 항공운송사업자가 관리 · 운영하는 시설에 대한 보안대책
  5. 항공기 보안에 관한 다음 각 목의 사항
    가. 항공기에 대한 경비대책
    나. 비행 전 · 후 항공기에 대한 보안점검
    다. 계류(繫留)항공기에 대한 탑승계단, 탑승교, 출입문, 경비요원 배치에 관한 보안 및 통제 절차
    라. 항공기 운항중 보안대책
    마. 법 제23조에 따른 승객의 협조의무를 위반한 사람에 대한 처리절차

    바. 법 제24조에 따른 수감 중인 사람 등의 호송 절차
    사. 법 제25조에 따른 범인의 인도 · 인수 절차
    아. 항공기내보안요원의 운영 및 무기운용 절차
    자. 국외취항 항공기에 대한 보안대책
    차. 항공기에 대한 위험 증가 시 항공보안대책
    카. 조종실 출입절차 및 조종실 출입문 보안강화대책
    타. 기장의 권한 및 그 권한의 위임절차
    파. 기내 보안장비 운용절차
  6. 기내식 및 저장품에 대한 보안대책
  7. 항공보안검색요원 운영계획
  8. 법 제19조제1항에 따른 보안검색 실패 대책보고
  9. 항공화물 보안검색 방법
  10. 법 제29조에 따른 보안검색기록의 작성 · 유지
  11. 항공보안장비의 관리 및 운용
  12. 화물터미널 보안대책(화물터미널을 관리 운영하는 항공운송사업자만 해당한다)
  13. 법 제17조제3항에 따른 운송정보의 제공 절차
  14. 위해물품 탑재 및 운송절차
  15. 보안검색이 완료된 위탁수하물에 대한 항공기에 탑재되기 전까지의 보호조치 절차
  16. 승객 및 위탁수하물에 대한 일치 여부 확인 절차
  17. 승객 일치 확인을 위해 공항운영자에게 승객 정보제공
  18. 법 제23조제7항에 따른 항공기 탑승 거절절차
  19. 항공기 이륙 전 항공기에서 내리는 탑승객 발생 시 처리절차
  20. 비행서류의 보안관리 대책
  21. 보호구역 출입증 관리대책
  22. 그 밖에 항공보안에 관하여 필요한 사항
② 외국국적 항공운송사업자가 수립하는 자체 보안계획은 영문 및 국문으로 작성되어야 한다.
[본조신설 2010. 9. 20.]

정답 04 ④

03 공항 · 항공기 등의 보안

상

01 항공보안법에 따른 공항시설 보호구역의 지정에 대한 설명으로 옳은 것은?

① 공항운영자는 공항시설과 항행안전시설에 대하여 보안에 필요한 조치를 하여야 한다.
② 공항운영자는 보안검색이 완료된 승객과 완료되지 못한 승객 간의 접촉을 방지하기 위한 대책을 수립 · 시행하여야 한다.
③ 공항운영자는 보안검색이 완료된 구역, 활주로, 계류장(繫留場) 등 공항시설의 보호를 위하여 필요한 구역을 국토교통부장관의 승인을 받아 보호구역으로 지정하여야 한다.
④ 공항운영자는 보안검색을 거부하거나 무기 · 폭발물 또는 그 밖에 항공보안에 위협이 되는 물건을 휴대한 승객 등이 보안검색이 완료된 구역으로 진입하는 것을 방지하기 위한 대책을 수립 · 시행하여야 한다.

해설

항공보안법 제12조(공항시설 보호구역의 지정)
① 공항운영자는 보안검색이 완료된 구역, 활주로, 계류장(繫留場) 등 공항시설의 보호를 위하여 필요한 구역을 국토교통부장관의 승인을 받아 보호구역으로 지정하여야 한다. 〈개정 2013. 3. 23.〉
② 공항운영자는 필요한 경우 국토교통부장관의 승인을 받아 임시로 보호구역을 지정할 수 있다. 〈개정 2013. 3. 23.〉
③ 제1항과 제2항에 따른 보호구역의 지정기준 및 지정취소에 관하여 필요한 사항은 국토교통부령으로 정한다. 〈개정 2013. 3. 23.〉
[전문개정 2010. 3. 22.]

하

02 공항시설의 보호를 위하여 필요한 구역을 누구에게 승인받아 보호구역으로 지정하는가?

① 공항운영자
② 국토교통부장관
③ 지방항공청장
④ 대통령

해설

1번 문제 해설 참조

중

03 항공보안법에 따른 공항시설 보호구역에 포함되는 지역으로 옳지 않은 것은?

① 출입국심사장
② 항공기 급유시설
③ 활주로 및 계류장
④ 관제탑 등 관제시설

해설

항공보안법 시행규칙 제4조(보호구역의 지정)
법 제12조제1항에 따른 보호구역에는 다음 각 호의 지역이 포함되어야 한다. 〈개정 2014. 4. 4., 2017. 11. 3.〉
1. 보안검색이 완료된 구역
2. 출입국심사장
3. 세관검사장
4. 관제탑 등 관제시설
5. 활주로 및 계류장(항공운송사업자가 관리 · 운영하는 정비시설에 부대하여 설치된 계류장은 제외한다)
6. 항행안전시설 설치지역
7. 화물청사
8. 제4호부터 제7호까지의 규정에 따른 지역의 부대지역
[전문개정 2010. 9. 20.]

정답 01 ③ 02 ② 03 ②

04 공항운영자의 허가를 받아 보호구역에 출입할 수 있는 사람으로 옳지 않은 것은?

① 보호구역의 공항시설 등에서 상시적으로 업무를 수행하는 사람
② 보호구역의 공항시설 등에서 일시적으로 업무를 수행하는 사람
③ 업무수행을 위하여 보호구역에 출입이 필요하다고 인정되는 사람
④ 공항 건설이나 공항시설의 유지·보수 등을 위하여 보호구역에서 업무를 수행할 필요가 있는 사람

해설

항공보안법 제13조(보호구역에의 출입허가)
① 다음 각 호의 어느 하나에 해당하는 사람은 공항운영자의 허가를 받아 보호구역에 출입할 수 있다.
   1. 보호구역의 공항시설 등에서 상시적으로 업무를 수행하는 사람
   2. 공항 건설이나 공항시설의 유지·보수 등을 위하여 보호구역에서 업무를 수행할 필요가 있는 사람
   3. 그 밖에 업무수행을 위하여 보호구역에 출입이 필요하다고 인정되는 사람

05 보안검색 면제대상으로 옳지 않은 것은?

① 공무로 여행을 하는 3부 요인(대통령, 국회의장, 대법원장)
② 국제협약 등에 따라 보안검색을 면제받도록 되어 있는 사람
③ 보안법 요건을 모두 갖춘 외교행낭
④ 외국의 국가원수

해설

항공보안법 시행령 제15조(보안검색의 면제)
① 다음 각 호의 어느 하나에 해당하는 사람(휴대물품을 포함한다)에 대해서는 법 제15조에 따른 보안검색을 면제

할 수 있다. 〈개정 2018. 5. 8.〉
   1. 공무로 여행을 하는 대통령(대통령당선인과 대통령권한대행을 포함한다)과 외국의 국가원수 및 그 배우자
   2. 국제협약 등에 따라 보안검색을 면제받도록 되어 있는 사람
   3. 국내공항에서 출발하여 다른 국내공항에 도착한 후 국제선 항공기로 환승하려는 경우로서 다음 각 목의 요건을 모두 갖춘 승객 및 승무원
      가. 출발하는 국내공항에서 법 제15조제1항에 따른 보안검색을 완료하고 국내선 항공기에 탑승하였을 것
      나. 국제선 항공기로 환승하기 전까지 보안검색이 완료된 구역을 벗어나지 아니할 것
② 다음 각 호의 요건을 모두 갖춘 외교행낭에 대해서는 법 제15조에 따른 보안검색을 면제할 수 있다. 〈개정 2013. 3. 23.〉
   1. 제13조제2항 각 호의 요건을 모두 갖출 것
   2. 불법방해행위를 하는 데에 사용할 수 있는 무기 또는 폭발물 등 위험성이 있는 물건들이 없다는 것을 증명하는 해당 국가 공관의 증명서를 국토교통부장관이 인증할 것
③ 다음 각 호의 요건을 모두 갖춘 위탁수하물을 환적(옮겨싣기)하는 경우에는 법 제15조에 따른 보안검색을 면제할 수 있다. 〈개정 2013. 3. 23., 2021. 1. 5.〉
   1. 출발 공항에서 탑재 직전에 적절한 수준으로 보안검색이 이루어질 것
   2. 출발 공항에서 탑재된 후에 환승 공항에 도착할 때까지 계속해서 외부의 비인가 접촉으로부터 보호받을 것
   3. 국토교통부장관이 제1호 및 제2호의 사항을 확인하기 위하여 출발 공항의 보안통제 실태를 직접 확인하고 해당 국가와 협약을 체결할 것

정답 **04** ② **05** ①

06 공항시설 보호구역에 대한 설명으로 옳지 않은 것은?

① 공항운영자는 필요한 경우 국토교통부장관의 승인을 받아 임시로 보호구역을 지정할 수 있다.

② 공항운영자는 지정된 보호구역등의 지정취소의 승인을 받으려는 경우에는 관할경찰서에 보고해야 한다.

③ 출입허가를 받은 사람이 보호구역등으로 출입하는 경우에는 출입증을 달아야 한다.

④ 차량을 운행하여 출입하는 경우에는 해당 차량의 운전석 앞 유리창에도 차량출입증을 붙여야 한다.

해설

항공보안법 제12조(공항시설 보호구역의 지정)

① 공항운영자는 보안검색이 완료된 구역, 활주로, 계류장(繫留場) 등 공항시설의 보호를 위하여 필요한 구역을 국토교통부장관의 승인을 받아 보호구역으로 지정하여야 한다. 〈개정 2013. 3. 23.〉

② 공항운영자는 필요한 경우 국토교통부장관의 승인을 받아 임시로 보호구역을 지정할 수 있다. 〈개정 2013. 3. 23.〉

③ 제1항과 제2항에 따른 보호구역의 지정기준 및 지정취소에 관하여 필요한 사항은 국토교통부령으로 정한다. 〈개정 2013. 3. 23.〉

항공보안법 시행규칙 제5조(보호구역등의 지정승인 · 변경 및 취소)

③ 공항운영자는 지정된 보호구역등의 지정취소의 승인을 받으려는 경우에는 다음 각 호의 서류를 지방항공청장에게 제출하여야 한다. 〈신설 2017. 11. 3.〉

1. 보호구역등의 지정취소 사유
2. 해당 보호구역등의 도면

항공보안법 시행규칙 제6조(보호구역등에 대한 출입허가 등)

① 법 제13조에 따라 보호구역등을 출입하려는 사람은 공항운영자가 정하는 출입허가신청서를 공항운영자에게 제출하여야 한다. 이 경우 차량을 운행하여 출입하려는 사람은 그 차량에 대하여 따로 차량출입허가신청서를 제출하여야 한다.

② 공항운영자는 법 제13조제1항제1호에 따른 사람에게 보호구역등에 출입허가를 하려면 「보안업무규정」 제36조에 따른 신원조사를 조사기관의 장에게 의뢰해야 한다. 〈신설 2012. 9. 24., 2017. 11. 3., 2021. 3. 30.〉

③ 공항운영자는 보호구역등의 출입허가를 한 경우에는 신청인에게 공항운영자가 정하는 출입증 또는 차량출입증을 발급하여야 한다. 이 경우 공항운영자가 관할하지 않는 지역의 출입허가를 하려면 관할 행정기관의 장과 미리 협의하여야 한다. 〈개정 2012. 9. 24.〉

④ 제3항에 따라 출입허가를 받은 사람이 보호구역등으로 출입하는 경우에는 출입증을 달아야 하며, 차량을 운행하여 출입하는 경우에는 해당 차량의 운전석 앞 유리창에도 차량출입증을 붙여야 한다. 〈개정 2012. 9. 24.〉

04 | 항공기 내의 보안

⟨하⟩

01 항공기에 반입하여서는 안 되는 위해물품으로 옳지 않은 것은?

① 폭발물

② 도검류(刀劍類)

③ 기밀 서류 또는 연소성이 높은 물건

④ 탄저균(炭疽菌), 천연두균 등의 생화학무기

해설

항공보안법 제21조(위해물품 휴대 금지 및 검색시스템 구축 · 운영)

① 누구든지 항공기에 무기[탄저균(炭疽菌), 천연두균 등의 생화학무기를 포함한다], 도검류(刀劍類), 폭발물, 독극물 또는 연소성이 높은 물건 등 국토교통부장관이 정하여 고시하는 위해물품을 가지고 들어가서는 아니 된다. 〈개정 2013. 3. 23.〉

⟨중⟩

02 항공기 기장에게 반입한 무기를 보관하게 하고 목적지에 도착한 후 반환하지 않아도 되는 사람으로 옳은 것은?

① 경찰

② 경호원

③ 항공기내 보안요원

④ 공항보안경비업체 직원

해설

항공보안법 제21조(위해물품 휴대 금지 및 검색시스템 구축 · 운영)

③ 제1항에도 불구하고 경호업무, 범죄인 호송업무 등 대통령령으로 정하는 특정한 직무를 수행하기 위하여 대통령령으로 정하는 무기의 경우에는 국토교통부장관의 허가를 받아 항공기에 가지고 들어갈 수 있다. 〈개정 2013. 3. 23., 2020. 6. 9.〉

④ 제3항에 따라 항공기에 무기를 가지고 들어가려는 사람은 탑승 전에 이를 해당 항공기의 기장에게 보관하게 하고 목적지에 도착한 후 반환받아야 한다. 다만, 제14조제2항에 따라 항공기 내에 탑승한 항공기내 보안요원은 그러하지 아니하다. 〈개정 2020. 6. 9.〉

⟨중⟩

03 다음 중 항공기 탑승을 거절하는 사유로 옳지 않은 것은?

① 음주로 인하여 소란행위를 하거나 할 우려가 있는 사람

② 승객 및 승무원 등에게 위해를 가할 우려가 있는 사람

③ 기장 등의 정당한 직무상 지시를 따르지 아니한 사람

④ 통념상 받아들이기 어려운 복장을 착용한 사람

해설

항공보안법 시행규칙 제13조(탑승거절 대상자)

① 항공운송사업자는 법 제23조제7항제4호에 따라 다음 각 호의 어느 하나에 해당하는 사람에 대하여 탑승을 거절할 수 있다.

   1. 법 제14조제1항에 따른 항공운송사업자의 승객의 안전 및 항공기의 보안을 위하여 필요한 조치를 거부한 사람

   2. 법 제23조제1항제3호에 따른 행위로 승객 및 승무원 등에게 위해를 가할 우려가 있는 사람

   3. 법 제23조제2항의 행위를 한 사람

   4. 법 제23조제4항에 따른 기장 등의 정당한 직무상 지시를 따르지 아니한 사람

   5. 탑승권 발권 등 탑승수속 시 위협적인 행동, 공격적인 행동, 욕설 또는 모욕을 주는 행위 등을 하는 사람으로서 다른 승객의 안전 및 항공기의 안전운항을 해칠 우려가 있는 사람

정답 01 ③ 02 ③ 03 ④

04 항공보안법에 따른 기장 등의 권한으로 필요한 조치를 취할 수 있는 경우로 옳지 않은 것은?

① 항공기의 보안을 해치는 행위
② 인명이나 재산에 위해를 주는 행위
③ 항공기 내의 질서를 어지럽히거나 규율을 위반하는 행위
④ 술을 마시거나 약물을 복용하고 다른 사람에게 위해를 주는 행위

해설

항공보안법 제22조(기장 등의 권한)
① 기장이나 기장으로부터 권한을 위임받은 승무원(이하 "기장등"이라 한다) 또는 승객의 항공기 탑승 관련 업무를 지원하는 항공운송사업자 소속 직원 중 기장의 지원요청을 받은 사람은 다음 각 호의 어느 하나에 해당하는 행위를 하려는 사람에 대하여 그 행위를 저지하기 위한 필요한 조치를 할 수 있다. 〈개정 2013. 4. 5.〉
  1. 항공기의 보안을 해치는 행위
  2. 인명이나 재산에 위해를 주는 행위
  3. 항공기 내의 질서를 어지럽히거나 규율을 위반하는 행위
② 항공기 내에 있는 사람은 제1항에 따른 조치에 관하여 기장등의 요청이 있으면 협조하여야 한다.
③ 기장등은 제1항 각 호의 행위를 한 사람을 체포한 경우에 항공기가 착륙하였을 때는 체포된 사람이 그 상태로 계속 탑승하는 것에 동의하거나 체포된 사람을 항공기에서 내리게 할 수 없는 사유가 있는 경우를 제외하고는 체포한 상태로 이륙하여서는 아니 된다.
④ 기장으로부터 권한을 위임받은 승무원 또는 승객의 항공기 탑승 관련 업무를 지원하는 항공운송사업자 소속 직원 중 기장의 지원요청을 받은 사람이 제1항에 따른 조치를 할 때에는 기장의 지휘를 받아야 한다.

05 항공기 내의 질서를 어지럽히거나 규율을 위반하는 행위를 하는 사람에 대한 기장등의 권한으로 옳지 않은 것은?

① 항공기 내에 있는 사람은 항공보안법에 따른 조치에 관하여 기장등의 요청이 있으면 협조하여야 한다.
② 기장이나 기장으로부터 권한을 위임받은 승무원 또는 공항운영자의 보안경비업체는 기장의 지원요청을 받으면 위반행위를 하려는 사람에 대하여 그 행위를 저지하기 위한 필요한 조치를 할 수 있다.
③ 기장으로부터 권한을 위임받은 승무원 또는 승객의 항공기 탑승 관련 업무를 지원하는 항공운송사업자 소속 직원 중 기장의 지원요청을 받은 사람이 규정에 따른 조치를 할 때는 기장의 지휘를 받아야 한다.
④ 기장등은 위반행위를 한 사람을 체포한 경우에 항공기가 착륙하였을 때에는 체포된 사람이 그 상태로 계속 탑승하는 것에 동의하거나 체포된 사람을 항공기에서 내리게 할 수 없는 사유가 있는 경우를 제외하고는 체포한 상태로 이륙하여서는 아니 된다.

해설

4번 문제 해설 참조

CHAPTER

04

교통안전관리론

[이 장의 특징]

교통안전관리론은 교통수단 운행, 운항 중 발생할 수 있는 위험요소들을 사전에 예방하고 관리하기 위해 적용되는 이론과 방법론이다.

이를 통해 교통수단을 이용함에 있어서 발생되는 위험을 미리 예측하고 평가하여 사전에 조치를 취함으로써 안전한 운행 또는 운항을 지원하게 된다. 또한 이 이론은 다양한 도구와 체계를 제공하여 교통수단의 안전성을 보장하는 역할을 한다.

이 장에서는 항공교통안전관리자로서 이러한 교통안전관리론을 숙지하고, 여러 교통수단과 항공기에도 적용되는 여러 위험요소들을 최소화하는 데 기여한다.

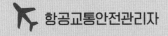

01 하인리히의 재해 발생비율을 중대한 사고 : 경미한 사고 : 재해를 수반하지 않는 사고의 비율 순서로 옳은 것은?

① 1 : 29 : 300
② 1 : 39 : 400
③ 1 : 49 : 500
④ 1 : 59 : 600

해설

1930년경에 하인리히란 사람이 노동재해를 분석하면서 인간이 일으키는 같은 종류의 재해에 대하여 330건을 수집한 후 이 가운데 300건은 보통의 상해를 수반하는 재해, 29건은 가벼운 상해를 수반하는 재해 그리고 1건은 중대한 상해를 수반하는 재해를 낳고 있다는 점을 알아냈다. 이 사실로부터 하인리히는 30건의 상해를 수반하는 재해를 방지하기 위해서는 그 하부에 있는 300건의 상해를 수반하는 재해를 제거해야 한다고 주장했다.

1 : 29 : 300이라는 수치가 과연 타당한가에 대한 의문은 있으나, 이러한 수치의 의미는 특히 사고가 발생한 후 사고방지대책을 강구하는 것이 아니라 적극적으로 위험을 사전에 예방하려 한다는 점에서 그 중요성을 둘 수 있다.

02 다음 중 산업재해예방과 관련한 하인리히 법칙에 대한 설명으로 옳지 않은 것은?

① 하인리히 법칙(Heinrich's law)은 한 번의 큰 재해가 있기 전에 그와 관련된 작은 사고나 징후들이 먼저 일어난다는 법칙이다.
② 큰 재해와 작은 재해, 사소한 사고의 발생비율이 1 : 29 : 300이라는 점에서 '1 : 29 : 300 법칙'으로 부르기도 한다.

③ 하인리히 법칙은 산업재해예방을 포함해 각종 사고나 사회적, 경제적 위기 등을 설명하기 위해 의미를 확장해 해석하는 경우도 있다.
④ 하인리히는 이 조사 결과를 바탕으로 큰 재해는 우연히 발생하는 것이며, 반드시 그전에 사소한 사고 등의 징후가 있는 것은 아니라는 것을 실증적으로 밝혀내었다.

해설

1번 문제 해설 참조

03 다음 중 하인리히 법칙(Heinrich's law)에 대한 설명으로 옳지 않은 것은?

① 사고가 발생한 후 사고방지대책을 강구하는 데 중점을 두고 있다.
② 큰 재해와 작은 재해, 사소한 사고의 발생비율이 1 : 29 : 300이라고 본다.
③ 노동재해를 분석하면서 인간이 일으키는 같은 종류의 재해에 대한 것이다.
④ 한 번의 큰 재해가 있기 전에 그와 관련된 작은 사고나 징후들이 먼저 일어난다는 법칙이다.

해설

1번 문제 해설 참조

정답 01 ① 02 ④ 03 ①

04 초기에는 부품 등에 내재하는 결함, 사용자의 미숙 등으로 고장률이 높게 상승하지만 중기에는 부품의 적응 및 사용자의 숙련 등으로 고장률이 점차 감소하다가 말기에는 부품의 노화 등으로 고장률이 점차 상승하는 원리는?

① 욕조곡선의 원리
② 결합부품 배제의 원리
③ 정리정돈의 원리
④ 무결점 안전화의 원리

해설

초기에는 부품 등에 내재하는 결함, 사용자의 미숙 등으로 고장률이 높게 상승하지만 중기에는 부품의 적응 및 사용자의 숙련 등으로 고장률이 점차 감소하다가 말기에는 부품의 노화 등으로 고장률이 점차 상승한다는 원리로서 그 곡선의 형태가 욕조의 형태를 띤다고 하여 욕조곡선의 원리라고 한다.

05 다음 중 욕조곡선의 원리에 대한 설명으로 옳은 것은?

① 체계 또는 설비 등을 사용하기 시작하여 폐기할 때까지의 고장 발생 상태를 도시한 곡선을 말한다.
② 초기에는 부품 등에 내재하는 결함, 사용자의 미숙 등으로 고장률이 낮게 나타난다.
③ 중기에는 부품의 적응 및 사용자의 숙련 등으로 고장률이 점차 증가한다.
④ 말기에는 부품의 노화 등으로 고장률이 점차 하락한다.

해설

4번 문제 해설 참조

06 교통안전의 증진을 위한 3E에 해당하지 않는 것은?

① 기술(Engineering)
② 규제(Enforcement)
③ 협력(Effort)
④ 교육(Education)

해설

3E란 하인리히가 재해예방의 중요 요소로 주장한 것으로 기술(Engineering), 교육(Education), 규제(Enforcement)를 말한다.

07 교통안전관리의 3대 기능에 포함되지 않는 것은?

① 계획기능   ② 예방기능
③ 개선기능   ④ 단속기능

해설

교통안전관리의 3대 기능으로는 계획기능, 개선기능, 단속기능 3가지가 있다.

08 사고발생 요인 중 가장 많은 비중을 차지하고 있는 것은?

① 교통수단의 요인
② 환경요인
③ 인적요인
④ 횡단보도 요인

해설

교통사고 발생요인은 다음과 같이 있다.
① 인적요인 84.8%
② 환경요인 17.9%
③ 차량요인 6.0%

정답 04 ① 05 ① 06 ③ 07 ② 08 ③

09 다음 중 교통안전의 목적으로 틀린 것은?

① 인명의 존중
② 사회복지 증진
③ 경제성 향상
④ 수송효율 극대화

해설

교통안전의 목적으로는 인명의 존중, 사회복지 증진, 경제성 향상 등이 있다.

10 교통안전관리에 대한 설명으로 옳지 않은 것은?

① 교통안전관리는 종합성과 통합성이 요구된다.
② 교통안전관리는 노무인사관리 부문과의 관계성은 없다.
③ 교통안전에 대한 투자는 회사의 발전과 밀접한 관계가 있다.
④ 과학적 관리가 필요하다.

해설

교통안전관리의 구성요소로는 다음과 같이 있다.
(1) 교통안전관리는 종합성·통합성이 요구된다.
   교통사고요인은 사람·자동차·도로환경 등과 밀접한 관계가 있으며, 타 부서의 협조 없이는 효율적으로 수행할 수 없다.
(2) 노무인사관리 부문과의 관계성이 깊다.
   운전자관리를 위해서는 노동조합의 협조가 필연적 조건이다. 운전자를 효과적으로 관리하기 위해서는 신상필벌을 엄격히 적용해야 한다. 따라서 인사, 노무관리 등 부서 간의 협조가 잘되어야 한다. 사원 복리후생시설 및 불합리한 제도에 대한 개선이 있어야 운전자가 자발적인 의욕을 가지고 회사가 기대하는 방향으로 움직인다.
(3) 교통안전에 대한 투자는 회사의 발전과 밀접한 관계가 있다.
   교통안전 확보를 통해 경비절감(유류, 타이어, 부품 마모율 감소, 보험료 할인, 사고비용의 감소 등)을 할 수 있다. 운전자에 대한 이미지가 높아짐으로써 사회적 대우가 개선된다. 수익성의 향상은 장기적으로 운전자 임금 상승을 가져와 사내 복지 개선에 기여한다.

(4) 과학적 관리가 필요하다.
   불확실성과 제약이 많은 환경에서도 합목적적이고 합리적인 의사결정 과정과 목표달성을 위한 과학적인 정보 제공이 요구된다. 안전관리 문제점의 도출 및 최적대안의 선택을 가능케 한다. 교통사고 원인의 복잡성으로 과학적인 관리 기업이 필요하다.

11 운수회사의 교통안전관리에 대한 설명으로 옳지 않은 것은?

① 교통안전관리는 과학적이고 체계적으로 필요하다.
② 경영수지개선과 교통안전관리는 아무런 영향이 없다.
③ 교통안전에 대한 투자는 회사의 발전에 필요하다.
④ 교통안전관리는 상호 연계성과 통합성이 있다.

해설

10번 문제 해설 참조

12 다음 중 교통안전시설로 옳지 않은 것은?

① 공항
② 어항시설
③ 어업무선국
④ 철도

해설

교통안전시설은 도로, 철도, 궤도, 항만시설, 어항시설, 수로, 공항, 비행장 및 항공보안에 관련되는 시설물에 구축 또는 부착되어 차량, 선박, 항공기의 안전운행 및 운항을 보조하는 공작물을 말한다.

정답 09 ④ 10 ② 11 ② 12 ③

13 교통안전관리규정에 포함되는 사항으로 옳지 않은 것은?

① 교통수단의 관리에 관한 사항

② 임직원들의 급여기준에 관한 사항

③ 교통안전의 교육 · 훈련에 관한 사항

④ 교통사고 원인의 조사 · 보고 및 처리에 관한 사항

해설

교통안전관리규정에는 다음과 같은 사항들이 포함되어 있어야 한다.

① 교통안전의 경영지침에 관한 사항

② 교통안전목표 수립에 관한 사항

③ 교통안전 관련 조직에 관한 사항

④ 규정에 따른 교통안전담당자 지정에 관한 사항

⑤ 안전관리대책의 수립 및 추진에 관한 사항

⑥ 그 밖에 교통안전에 관한 중요사항으로서 대통령령이 정하는 사항

"대통령령이 정하는 사항"은 다음의 각 호의 사항을 말한다.

① 교통안전과 관련된 자료 · 통계 및 정보의 보관 · 관리에 관한 사항

② 교통시설의 안전성 평가에 관한 사항

③ 사업장에 있는 교통안전 관련 시설 및 장비에 관한 사항

④ 교통수단의 관리에 관한 사항

⑤ 교통업무에 종사하는 자의 관리에 관한 사항

⑥ 교통안전의 교육 · 훈련에 관한 사항

⑦ 교통사고 원인의 조사 · 보고 및 처리에 관한 사항

⑧ 그 밖에 교통안전관리를 위하여 국토교통부장관이 따로 정하는 사항

14 교통안전 증진을 위한 방법으로 교통수단과 사람이 안전하게 통행할 수 있도록 통제하는 것으로 옳은 것은?

① 기술(Engineering)

② 규제(Enforcement)

③ 협력(Effort)

④ 교육(Education)

해설

규제(Enforcement)는 교통안전 증진을 위한 방법으로 교통수단과 사람이 안전하게 통행할 수 있도록 통제하는 것을 말한다.

15 운수회사에서 교통안전 교육훈련계획 수립 시 고려해야 할 사항으로 옳지 않은 것은?

① 연차별 교육훈련계획 수립 여부를 검토한다.

② 교육결과에 대한 보고서를 작성 및 관리한다.

③ 교육성과 측정 및 활용에 대한 여부를 검토한다.

④ 법정교육은 반드시 자체교육 우선실시를 검토한다.

해설

교통안전관리 중점 추진사항 중 교통안전 교육훈련은 점검사항으로 연차별 교육훈련계획 수립 여부(법정교육, 사고자 교육 등), 교육결과 보고서 작성 및 관리, 법정교육 미이수자에 대한 조치, 교육성과 측정 및 활용 여부가 있다.

정답 13 ② 14 ② 15 ④

02 | 교통사고와 구조

01 "운전환경과 운전조건이 개선되어 운전자가 안심하고 운전할 수 있도록 해야 한다." 는 것을 의미하는 것은?

① 운전자의 관리자에 대한 신뢰의 원칙
② 무리한 행동배제의 원칙
③ 안전한 환경조성의 원칙
④ 사고요인의 등치성 원칙

해설

교통사고 방지를 위해 요구되는 원칙
1. 정상적인 컨디션과 정돈된 환경유지의 원칙
   마음이 산만하거나 정리정돈이 안 된 경우 운전시 정상적인 행동을 취할 수 없다. 따라서 운전자는 항상 심신을 정돈하고, 상쾌하고 맑은 기분을 갖도록 해야 한다.
2. 운전자의 관리자에 대한 신뢰의 원칙
   관리자가 운전자로부터 신뢰를 받지 못하면 통솔력에 치명적인 손상을 가져오므로 관리자는 권위의식보다는 희생과 봉사의 정신으로 솔선수범하는 자세를 견지해야 한다.
3. 안전한 환경조성의 원칙
   운전환경과 운전조건이 개선되어 운전자가 안심하고 운전할 수 있도록 해야 한다.
4. 무리한 행동 배제의 원칙
   과속운전이나 끼어들기 등 무리한 행동은 사고발생이라는 필연적인 결과를 초래하므로 운전자는 이러한 행동을 배제해야 한다.
5. 사고요인의 등치성 원칙
   교통사고의 경우, 우선 어떤 요인이 발생한다면 그것이 근원이 되어 다음 요인이 발생하게 되고, 또 그것이 다음 요인을 발생시키는 것과 같이 여러 가지 요인이 유기적으로 관련되어 있다. 그런데 연속된 이 요인들 중에서 어느 하나만이라도 발생하지 않았다면 연쇄반응은 일어나지 않았을 것이며, 교통사고는 일어나지 않았을 것이다. 다시 말하면 교통사고의 발생에는 교통사고 요인을 구성하는 각종 요소가 똑같은 비중을 지닌다고 볼 수 있으며, 이러한 원리를 사고요인의 등치성 원칙이라고 한다.
6. 방어확인의 원칙
   운전자는 위험한 자동차를 피하고 위험한 도로에 접근하면 일시정지해야 하며 좌우를 확인하여 안전한지를 확인 후 이동해야 한다. 또한 위험한 횡단보도, 커브길, 주택가 이면도로 등 시야가 불량한 지역에서 속도를 줄이고 주의를 환기하면서 운전하는 것은 방어확인 원칙의 적합한 사례가 된다.

02 교통사고 발생에 영향을 미치는 각 요인은 사고발생에 대하여 같은 비중을 지닌다는 원리로 옳은 것은?

① 배치성 원리
② 차등성 원리
③ 등치성 원리
④ 동인성 원리

해설

교통사고 발생 시에는 사고를 구성하는 각종 요소가 꼭 같은 비중을 차지한다는 것이 사고요인의 등치성 원리이다. 이 원리는 교통사고가 연속적으로 하나하나의 요인으로 만들어지나 그 중 하나라도 없으면 연쇄반응은 일어나지 않는다는 것이다.

03 다음 중 "교통사고를 발생시키는 요인의 비중이 동일하다" 는 원리를 의미하는 것으로 옳은 것은?

① 등치성
② 동인성
③ 차등성
④ 배치성

해설

2번 문제 해설 참조

정답 01 ③ 02 ③ 03 ①

04 사고의 여러 요인들 중에서 하나만이라도 발생하지 않으면 사고가 발생하지 않는다는 원리로 옳은 것은?

① 사고원인 집중성 원리
② 사고원인 단일성 원리
③ 사고원인 분리성 원리
④ 사고원인 등치성 원리

해,설

2번 문제 해설 참조

05 다음 중 교통사고 요인의 등치성 원리에 관계되는 사고요인의 배열형이 아닌 것은?

① 집중형   ② 복합형
③ 분산형   ④ 연쇄형

해,설

배열형에는 혼합형, 연쇄형(단순연쇄형, 복합연쇄형), 집중형이 있다.

06 어떤 요인이 발생시에 그것이 근원이 되어 다음 요인이 생기게 되고 또 그것이 요인을 일어나게 하는 것과 같이 요인이 연쇄적으로 하나하나의 요인을 만들어가는 형태로 옳은 것은?

① 집중형
② 복합형
③ 연쇄형
④ 사고다발형

해,설

어떤 요인의 발생으로 인하여 다음 요인이 생기고 이것이 요인이 되어 연쇄적으로 발생하는 형태를 연쇄형이라 한다.

07 다음 중 단속투입역량과 단속효과의 상관관계에 대한 설명으로 옳은 것은?

① 단속투입역량이 증가하면 단속효과는 계속 감소한다.
② 단속투입역량이 증가하면 단속효과는 계속 증가한다.
③ 단속투입역량이 증가하면 단속효과는 증가하였다가 일정해진다.
④ 단속투입역량이 증가하면 단속효과는 감소하였다가 증가한다.

해,설

교통환경에 있어서 교통단속을 위한 투입역량과 그 외적 효과 사이에는 다음의 그래프와 같이 단속효과를 올리는 데는 일정수준 이상의 활동량이 필요하며 일정량의 투입을 넘으면 그 효과는 점차 감소하여 포화상태(일정)가 된다. 이러한 사실은 종래부터 단속지수(일정기간, 일정지역에서의 사망자 수 혹은 중대사고 건수와 단속건수와의 비)에 있어서 나타나는 현상이며, 안전지도, 캠페인 등에서도 일반적으로 나타나는 특징이다.

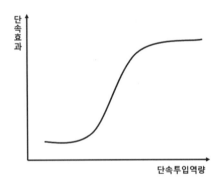

점답 04 ④ 05 ③ 06 ③ 07 ③

03 교통사고 원인분석

01 다음 중 운전자에 관한 교통사고 인적요소로 옳지 않은 것은?

① 생리
② 준법정신
③ 운전자의 심리
④ 운전면허 소지자 수 증가

해설

운전자에 관한 인적요소로는 '운전자의 심리', '생리', '습관', '준법정신' 등이 있다.

02 교통시설의 변화나 버스노선의 비합리성으로 인해 발생하는 교통사고의 요인으로 옳은 것은?

① 도로시설 요인　　② 차량요인
③ 환경요인　　　　④ 인적요인

해설

사고요인에 관한 내용은 다음과 같이 있다.

인적요인	신체, 생리, 심리, 적성, 습관, 태도 요인	• 운전자 또는 보행자의 신체적, 생리적 조건, 위험의 인지와 회피에 대한 판단, 심리적 조건 등에 관한 것 • 운전자의 적성과 자질, 운전습관, 내적 태도 등에 관한 것
차량요인		차량구조장치, 부속품 또는 적하에 관계된 사항
도로물리 요인	도로구조	도로의 선형, 노면, 차선수, 노폭, 구배 등의 도로구조에 관한 것
	안전시설	신호기, 도로표지, 방호책 등 도로의 안전시설에 관한 것

환경요인	자연환경 교통환경	• 천후(기상, 일광), 명암 등 자연조건에 관한 것 • 차량교통량, 차종구성, 보행자 교통량 등 교통조건에 관한 것
	사회환경	일반국민, 운전자의 가정, 취업환경, 교통경찰관, 보행자 등의 교통도덕 등의 환경구조, 교통정책 및 행정법적 요인, 교통단속과 형사처벌 등에 관한 사회적 요인
	구조환경	정책부진, 교통여건변화, 노선버스운행의 비합리성, 고용인원 부족, 차량점검 및 정비관리자와 운전자의 책임한계, 차량보안기준위배, 노후차량, 불량품판매 등의 구조적 요인

03 사고의 기본원인을 제공하는 4M에 대한 사고방지대책으로 잘못 설명한 것은?

① 인간(Man) : 능동적인 의욕, 위험예지, 리더십, 의사소통 등
② 기계(Machine) : 안전설계, 위험방호, 표시장치 등
③ 매개체(Media) : 작업정보, 작업환경, 건강관리 등
④ 관리(Management) : 관리조직, 평가 및 훈련, 직장활동 등

해설

매개체(Media) : 작업정보, 작업방법을 몰라서 발생하는 에러(Error)이다. 따라서 사고방지대책은 작업에 대한 정보와 방법을 제시하는 것이다.

정답 01 ④ 02 ③ 03 ③

04 사고원인으로서 4M에 대한 사고방지대책으로 옳지 않은 것은?

① 인간(Man) : 인간관계, 지시, 명령체계의 개선
② 매개체(Media) : 작업정보, 작업환경 등의 개선
③ 기계(Machine) : 기계설비 및 방호장치 등을 인체공학적으로 개선
④ 관리(Management) : 인간과 기계설비 간의 상호 매개관계의 개선

해설

인간과 기계설비 간의 상호 매개관계의 개선은 사고원인으로서 매개체(Media)에 대한 사고방지대책이며, 사고원인으로서 관리(Management)에 대한 사고방지대책은 안전조직이나 법규를 정비하고 교육 · 훈련을 실시하는 것이다.

05 교통사고 조사항목을 선정하기 위한 평가방법은 교통 여건, 자료의 활용도, 조사 가능성 그리고 인력, 장비, 예산 등의 행정적 여건과 인과관계의 규명가능성 등의 기술적 타당성을 종합적으로 고려하면서 현실적 가능성과 활용도에 역점을 두는 방법을 이용하여야 하는데, 이러한 방법은 다음 중 어느 방법에 속하는가?

① 회귀분석 방법
② 델파이 방법
③ 유사집단 방법
④ 원단위 방법

해설

델파이 기법은 설문조사를 통해 장래에 전개될 교통사고 조사항목을 미리 예측하는 기법으로 예측을 위하여 한 사람의 전문가가 아니라 예측 대상 분야와 관련이 있는 전문가 집단이 동원된다는 점에 특징이 있다.

06 노면에 나타난 스키드마크(Skid Mark)로 추정할 수 있는 것은?

① 자동차의 타이어 자국이 노면에 찍힌 흔적으로 차량의 추진력을 알 수 있다.
② 자동차 브레이크 시 노면에 남긴 흔적으로 길이를 이용하여 속도를 추정할 수 있다.
③ 자동차의 앞차륜 정렬상태를 알 수 있다.
④ 자동차의 정적 · 동적 밸런스를 알 수 있다.

해설

스키드마크(Skid Mark)란 자동차 제동시 타이어가 브레이크로 인해 고착되면서 미끄러질 때 노면에 나타난 마찰자국으로, 그 길이를 이용하여 감속된 속도를 추정할 수가 있다.

정답 04 ④ 05 ② 06 ②

04 | 운행계획 및 안전이론

하

01 P-D-C-A 계획에 대한 설명으로 옳지 않은 것은?

① P는 계획을 말한다.
② C는 창조를 말한다.
③ D는 실시를 말한다.
④ A는 조정을 말한다.

해설

과학적인 운행계획을 위해서는 P, D, C, A 즉, 계획(Plan) → 실시(Doing) → 통제(Control) → 조정(Action)의 순환이 제대로 사이클링되지 않으면 안 된다.

02 P-D-C-A 계획에 대한 설명으로 옳은 것은?

① 실시-통제-조정-계획
② 조정-통제-실시-계획
③ 계획-실시-통제-조정
④ 통제-계획-실시-조정

해설

1번 문제 해설 참조

03 동기이론 중 매슬로우(A. H. Maslow)의 욕구위계 5단계를 하위욕구부터 상위욕구까지 바르게 나열한 것은?

① 생리적 욕구-안전욕구-사회적 욕구-존경욕구-자아실현 욕구

② 생리적 욕구-사회적 욕구-안전욕구-존경욕구-자아실현 욕구
③ 생리적 욕구-안전욕구-사회적 욕구-자아실현 욕구-존경욕구
④ 생리적 욕구-사회적 욕구-안전욕구-자아실현 욕구-존경욕구

해설

매슬로우(A.H Maslow)의 욕구 5단계는 생리적 욕구-안전욕구-사회적(소속감과 애정)욕구-존경욕구-자아실현욕구로 구성된다.

04 동기부여이론 중 만족-진행과정에 좌절-퇴행과정을 추가한 것은?

① 매슬로우의 욕구단계설
② 맥그리거의 X Y 이론
③ 알더퍼의 ERG 이론
④ 브룸의 기대이론

해설

동기부여의 내용이론 중 매슬로우(A.H Maslow)의 욕구단계설은 하위계층의 욕구가 만족됨에 따라 전단계는 더 이상의 동기부여의 역할을 수행하지 못하고 다음 단계의 욕구가 동기유발요인으로 작용한다는 만족-진행(Satisfaction-Progression) 과정의 이론이다.

반면 알더퍼(C.P Alderfer)의 ERG 이론은 하위욕구가 충족될수록 상위욕구에 대한 욕망이 커지고 상위욕구가 충족되지 않을수록 하위욕구에 대한 욕망이 커진다는 이론으로 매슬로우의 욕구단계에 좌절-퇴행(Frustration-Regression)의 과정을 추가하여 욕구 충족 과정을 설명하고 있다.

정답 01 ② 02 ③ 03 ① 04 ③

05 ERG 이론에 대한 설명으로 옳지 않은 것은?

① 알더퍼(Alderfer)에 의해 주장된 욕구단계이론이다.
② 인간의 욕구를 존재욕구, 관계욕구, 성장욕구로 분류하였다.
③ Maslow의 욕구단계 이론이 직면했던 문제점을 극복하고자 제시되었다.
④ 상위욕구가 행위에 영향을 미치기 전에 하위욕구가 먼저 충족되어야 한다.

해설

알더퍼(Alderfer)의 ERG 이론에서는 상위욕구가 영향력을 행사하기 전에 하위욕구가 반드시 충족되어야 한다는 매슬로우(Maslow)의 욕구 5단계의 가정을 배제하였다. 즉 한 가지 이상의 욕구가 동시에 작용할 수 있다는 것이다.

06 페이욜이 제시한 14가지 관리일반원칙 중에서도 가장 핵심이 되는 것으로, 오늘날처럼 규모가 커진 기업경영을 위한 필수적인 전제가 되는 원칙은?

① 명령통일의 법칙
② 보수적정화의 원칙
③ 계층화의 원칙
④ 분업의 원칙

해설

분업(Division of Labor)은 구성원들로 하여금 한정된 분야에서 일하게 하여 일의 범주를 줄여주기 때문에 일의 능률을 증진시켜준다. 그리고 분업은 보다 전문적인 지식과 기술을 가지고 모든 유형의 작업을 수행할 수 있게 한다. 대규모 기업경영에서 필수적인 전제가 되는 것은 분업의 원칙이다.

07 다음 중 페이욜(H.Fayol)이 경영의 관리활동으로 들고 있는 것으로 옳은 것은?

① 생산, 제조, 가공
② 구매, 판매, 교환
③ 재산목록, 대차대조표, 원가, 통계
④ 계획, 조직, 지휘, 조정, 통제

해설

페이욜(H. Fayol)은 경영활동을 기술적·상업적·재무적·보건적·회계적·관리적 활동 등 여섯 가지로 구분하였다. 관리는 관리적 활동을 의미하는데, 이는 '계획하고, 조직하며, 명령하고, 조정하며, 통제하는 것'이라고 하였다. 이것이 오늘날 관리원칙의 골자를 이루는 관리 5요소이다.

08 경영활동을 기술적, 상업적, 재무적, 보전적, 회계적, 관리적 활동 등 여섯 가지로 구분하며, 관리는 관리적 활동을 의미하는데, 이는 '계획하고, 조직하며, 명령하고 조정하며, 통제하는 것'이라고 하였다. 이것이 오늘날 관리원칙의 골자를 이루는 관리 5요소를 제시한 인물로 옳은 것은?

① Roethlisberger
② Mayo
③ Fayol
④ Taylor

해설

7번 문제 해설 참조

정답 05 ④ 06 ④ 07 ④ 08 ③

했기 때문에 이 시기를 전조작기라 부르며 전개념적 사고기와 직관적 사고기로 구분한다.

직관적 사고로 인해 판단을 내려야 하는 상황에서 논리적으로 추론하지 못하고 전체와 부분의 관계를 명확하게 파악하기 힘들며 과제를 처리하는 방식도 그 당시의 직관에 의해 쉽게 영향을 받는다.

09 심리학자 캇츠(D. Katz)가 말하는 '스스로를 더욱 강화시키고, 자기 자신의 정체성을 가지게 하는 태도'의 기능으로 옳은 것은?

① 적응 기능
② 지시적 기능
③ 자기방어적 기능
④ 가치표현적 기능

해설

캇츠(D. Katz)에 의하면 태도는 행위자로 하여금 바람직한 욕구를 달성하게 하는 도구적 기능, 사람들로 하여금 불안이나 위협에서 벗어나 자아를 보호하게 하는 자기방어적 기능, 타인들에게 자신이 생각하기에 스스로 어떤 사람인가를 나타냄으로써 자기정체성을 형성하거나 강화하는 자기표현의 기능 그리고 사람들이 그들의 세계를 이해하는 데 도움을 줄 기준으로 작용하는 환경식의 기능을 수행한다고 한다.

10 피아제(Piaget)의 인지발달론에 따른 유아기의 일반적 특성과 행동능력에 대한 설명으로 옳지 않은 것은?

① 상징적 사고, 자기중심적 사고, 실제와 실제가 아닌 것을 구분하지 못한다.
② 유아기의 아동은 사고의 조작능력을 완전하게 갖추지 못하기 때문에 이 시기를 전조작기라 부른다.
③ 전개념적 사고기와 직관적 사고기로 구분할 수 있다.
④ 논리적인 사고가 발달하나, 성인수준의 능력을 갖는 보행자로서 교통에 참여할 수 없다.

해설

유아기 사고의 특성은 피아제(Piaget)의 인지발달단계 중 전조작기에 해당된다. 상직적 사고, 자기중심적 사고, 실제와 실제가 아닌 것을 구분하지 못하며 직관적인 사고가 특징이다. 유아기의 아동은 사고의 조작능력을 완전하게 갖추지 못

05 교통사고와 인간특성

01 일반적으로 동체시력은 정지시력에 비해 몇 % 낮아지는가?

① 10%

② 15%

③ 30%

④ 50%

해설

한국교통연구원이 발표한 고령운전자 교통사고 감소방안에 따르면 고령운전자의 정지시력이 60세 이상부터는 30대였을 때보다 80% 수준으로 떨어진다. 동체시력은 정지시력에 비해서도 30% 정도 낮게 측정되는 것으로 알려져 있다.

02 음주운전 교통사고의 특징으로 옳지 않은 것은?

① 주차 중인 자동차와 같은 정지 물체 등에 충돌한다.

② 야간보다 주간에 많은 교통사고를 유발한다.

③ 차량단독사고의 가능성이 높다.

④ 치사율이 높다.

해설

음주운전 교통사고의 특징은 다음과 같다.

① 주차 중인 자동차와 같은 정지 물체 등에 충돌한다.

② 전신주, 가로시설물, 가로수 등과 같은 고장물체와 충돌한다.

③ 대향차의 전조등에 의한 현혹 현상 발생시 정상운전보다 교통사고 위험이 증가된다.

④ 치사율이 높다.

⑤ 차량단독사고의 가능성이 높다. (차량단독 도로이탈사고 등)

03 다음 중 암순응을 가장 잘 설명한 것으로 옳은 것은?

① 어두운 곳에서 밝은 곳으로 들어가면 조금 있다 눈이 익숙해지는 현상

② 눈부심으로 인하여 순간적으로 시력을 잃어버리는 현상

③ 밝은 곳에서 어두운 곳으로 들어가면 조금 있다 눈이 익숙해지는 현상

④ 눈이 순간적으로 피로한 현상

해설

암순응은 밝은 곳에서 어두운 곳으로 들어갔을 때, 처음에는 보이지 않던 것이 시간이 지남에 따라 차차 보이기 시작하는 현상을 말한다.

04 명순응에 대한 다음 설명 중 옳은 것은?

① 어두운 곳에서 밝은 곳으로 들어가면 조금 있다 눈이 익숙해지는 현상

② 눈부심으로 인하여 순간적으로 시력을 잃어버리는 현상

③ 밝은 곳에서 어두운 곳으로 들어가면 조금 있다 눈이 익숙해지는 현상

④ 눈이 순간적으로 피로한 현상

해설

명순응은 어두운 곳에서 밝은 곳으로 갑자기 나왔을 때, 점차 밝은 빛에 순응하게 되는 것을 말한다.

정답 01 ③ 02 ② 03 ③ 04 ①

05 운전자의 반응과정으로 옳은 것은?

① 인지 – 판단 – 제거
② 판단 – 인지 – 조작
③ 인지 – 판단 – 조작
④ 조작 – 인지 – 판단

해설

운전자의 반응과정을 보면 먼저 사실을 인지하고 인지를 바탕으로 판단하여 운전을 조작하게 된다.

06 고령 운전자의 특성으로 옳지 않은 것은?

① 야간 주행능력이 떨어진다.
② 시청각 감각이 감소되어 교통사고 위험빈도 노출이 높다.
③ 운전에 대한 경험과 지식이 풍부하므로 운전에 대한 민첩성이 높다.
④ 교통사고 요소에 대한 반응속도가 떨어진다.

해설

고령운전자 또는 보행자를 막론하고 교통안전 장애 요인은 다음과 같이 있다.
① 자동차 주행속도와 거리의 측정능력 결여
② 시력과 청력 약화
③ 위험한 교통상황에 대처함에 있어서 이를 회피할 수 있는 능력의 부족
④ 운전에 대한 기동성 결여
⑤ 자동차 교통의 주행속도와 교통량(자동차 대수)의 증대
⑥ 반사 동작의 둔화
⑦ 노화에 따른 전반적인 체력약화
⑧ 도로 횡단시간이 부족함에 대한 두려움
⑨ 주의, 예측, 판단의 부족

07 다음 중 보행자의 심리라 할 수 없는 것은?

① 보행자는 급히 서두르는 것이 보통이다.
② 횡단보도가 있는데도 아무데서나 횡단하고자 한다.
③ 안전의식에 대한 면허와 같은 것이 없다.
④ 횡단보도를 찾아서 횡단하려는 심리가 크다.

해설

보행자의 보행행태에 대한 특징으로는 다음과 같이 있다.
① 급히 서두르는 경향이 있다.
② 자동차의 통행이 적다고 해서 신호를 무시하거나 횡단한다.
③ 횡단보도를 이용하기 보다는 현위치에서 횡단하려고 한다.
④ 자동차가 모든 것을 양보해 줄 것으로 믿고 있다.

08 다음 중 사고다발자의 일반적인 특성으로 볼 수 없는 것은?

① 충동을 제어하지 못하여 조기 반응을 나타낸다.
② 자극에 민감한 경향을 보이고 흥분을 잘한다.
③ 호탕하고 개방적이어서 인간관계에 있어서 협조적 태도를 보인다.
④ 정서적으로는 충동적이다.

해설

사고다발자는 정서적으로 충동적이며 자극에 민감하고 흥분을 잘한다. 또한 주관적 판단과 자기통제력도 낮다.

09 다음 중 음주운전자의 특징으로 볼 수 없는 것은?

① 신체기능의 원활   ② 충동성
③ 공격성   ④ 반사회성

해설

음주운전자의 특징으로는 과활동성, 충동성, 공격성, 반사회성 등을 의미하는 행동 통제의 부족, 우울이나 불안 등 부정적 정서를 경험하는 상태를 의미하는 부정적 정서성, 권위와의 갈등, 비순응성 등이 있다.

10 어린이의 교통특징에 대한 설명이다. 맞는 것은?

① 호기심이 많다.
② 판단력이 정확하다.
③ 사고방식이 복잡하다.
④ 행동을 모방하려 하지 않는다.

해설

어린이의 교통행동 특성에 대해서는 다음과 같다.
① 교통상황에 대한 주의력이 부족하다.
② 판단력이 부족하고 모방행동이 많다.
③ 사고방식이 단순하다.
④ 추상적인 말은 잘 이해하지 못하는 경우가 많다.
⑤ 호기심이 많고 모험심이 강하다.

11 운전자가 정보를 수집하고 행동을 결정하여 실행 후 확인과정을 의미하는 것은?

① 행동반응
② 인지반응
③ 상황반응
④ 교통반응

해설

교통반응은 운전자가 정보를 수집하고 행동을 결정하며 실행 후 확인하는 것을 의미한다.

12 시각적 특성에 대한 설명으로 옳지 않은 것은?

① 고속으로 운전할수록 주시점은 멀어진다.
② 시야의 범위는 속도와 반비례한다.

③ 한쪽 눈의 시야각은 좌우 각각 160°이다.
④ 암순응에 적응하는 시간은 명순응보다 빠르다.

해설

1. 명순응과 암순응
   (1) 암순응
   일광 또는 조명이 밝은 조건에서 어두운 조건으로 변할 때 사람의 눈이 그 상황에 적응하여 시력을 회복하는 것을 말한다. 상황에 따라 다르지만 대개의 경우 완전한 암순응에는 30분 혹은 그 이상 걸리며 이것은 빛의 강도에 좌우된다(터널은 510초 정도). 주간 운전시 터널을 막 통과하였을 때 더욱 조심스러운 안전운전이 요구되는 이유이기도 하다.
   (2) 명순응
   일광 또는 조명이 밝은 조건에서 어두운 조건으로 변할 때 사람의 눈이 그 상황에 적응하여 시력을 회복하는 것을 말한다. 상황에 따라 다르지만 명순응에 걸리는 시간은 암순응보다 좀더 빨라 수초 1분에 불과하다.
2. 주행시 공간의 특성과 시야각
   속도가 빨라질수록 주시점은 멀어지고 시야는 좁아진다. 빠른 속도에 대비하여 위험을 그만큼 먼저 파악하고자 사람이 자동으로 대응하는 과정이며 결과이다.
   한편 속도가 빨라질수록 가까운 곳의 풍경(근경)은 더욱 흐려지고 작고 복잡한 대상은 잘 확인되지 않는다. 고속 주행로상에 설치하는 표지판을 크고 단순한 모양으로 하는 것은 이런 점을 고려한 것이다.
   정상인의 한쪽 눈 시야각은 좌우 각각 160°이고 눈이 있는 방향에는 100°, 반대방향에는 60°이다.

13 운전자의 한쪽 눈 시야각도로 옳은 것은?

① 좌우 각각 140°(눈 있는 쪽 90, 반대쪽 50)
② 좌우 각각 170°(눈 있는 쪽 120, 반대쪽 50)
③ 좌우 각각 150°(눈 있는 쪽 100, 반대쪽 50)
④ 좌우 각각 160°(눈 있는 쪽 100, 반대쪽 60)

해설

12번 문제 해설 참조

정답 10 ① 11 ④ 12 ④ 13 ④

14 정지상태에서 정상인 시야가 약 180~200° 인데 100[km/h] 속도로 운전할 때 시야는 얼마로 줄어드는가?

① 20° ② 30°
③ 40° ④ 50°

해설

시야의 범위는 자동차 속도에 반비례하여 좁아진다. 정상 시력을 가진 운전자가 시속 40[km]로 운전 중이라면 그의 시야 범위는 약 100°, 시속 75[km]면 약 65°, 시속 100[km]면 약 40° 로 좁아진다.

15 정지한 상태에서 정상적인 시력을 가진 운전 자의 양쪽 눈 시야범위로 옳은 것은?

① 100~120° ② 120~150°
③ 130~170° ④ 180~200°

해설

정지한 상태에서 눈의 초점을 고정시키고 양쪽 눈으로 볼 수 있는 범위를 시야라고 한다. 정상적인 시력을 가진 사람의 양쪽 눈 시야범위는 180~200°이다.

16 1.2시력이라도 90[km/h]로 운전할 때는 얼 마까지 감소하는가?

① 1.0 ② 0.7
③ 0.5 ④ 0.1

해설

동체시력은 물체의 이동속도가 빠를수록 상대적으로 저하 된다. 즉 정지시력이 1.2인 사람이 시속 50[km]로 운전하면 서 고정된 대상물을 볼 때의 시력은 0.7 이하로, 시속 90[km] 이라면 시력이 0.5 이하로 떨어진다.

17 운전자가 위험을 인식하고 브레이크가 실제 로 작동하기까지 걸리는 시간을 의미하는 것은?

① 정지거리 ② 공주거리
③ 주행거리 ④ 제동거리

해설

공주거리란 운전자가 위험을 인지하고 브레이크를 조작하 여 차가 제동되기 전까지 움직인 거리를 말하고, 제동거리란 차량이 실제 브레이크 압력에 의해 제동되어 정지할 때까 지 진행한 거리를 말한다. 정지거리는 공주거리＋제동거 리이다.

18 차량의 브레이크가 작동하여 차가 완전히 정 지할 때까지의 차가 움직인 거리는?

① 정지거리 ② 제동거리
③ 공주거리 ④ 반응거리

해설

17번 문제 해설 참조

19 인간의 행동을 규제하는 외적요인(환경요인) 으로 옳지 않은 것은?

① 자연조건 ② 심리적 조건
③ 물리적 조건 ④ 시간적 조건

해설

인간의 행동을 규제하는 외적요인(환경요인)으로는 다음과 같이 있다.
① 인간관계 : 가정, 직장, 사회, 경제, 문화
② 자연조건 : 온도, 습도, 기압, 환기, 기상, 명암
③ 물리적 조건 : 교통공간 배치
④ 시간적 조건 : 근로시간, 시각, 교대제, 속도

정답 14 ③ 15 ④ 16 ③ 17 ② 18 ② 19 ②

20 인간의 행동을 규제하는 내적요인(인적요인)으로 아닌 것은?

① 소질관계   ② 경력관계

③ 인간관계   ④ 심신상태

해설

인간의 행동을 규제하는 내적요인(인적요인)으로는 다음과 같이 있다.

① 소질 : 지능지각(운동기능), 성격, 태도
② 일반심리 : 착오, 부주의, 무의식적 조건반사
③ 경력 : 연령, 경험, 교육
④ 의욕 : 지위, 대우, 후생, 흥미
⑤ 심신상태 : 피로, 질병, 수면, 휴식, 알코올, 약물

21 인간과 환경이 행동을 규제하는 요인으로 옳지 않은 것은?

① 내적요인 – 흥미, 지위, 경험
② 개체요인 – 특기, 취미, 휴식
③ 환경요인 – 가정, 직장, 도로, 기상
④ 인적요인 – 지능, 성격, 태도

해설

19, 20번 문제 해설 참조

22 다음 중 한 가지 일에만 집중하는 것이 아니라 여러 가지 행동을 같이하는 경우로서 그 결과 집중력이 흐려지는 현상을 의미하는 것으로 옳은 것은?

① 주의의 동요
② 주의의 완화
③ 주의의 집중
④ 주의의 분산

해설

한 가지 일에만 집중하는 것이 아니라 여러 가지 행동을 같이하는 경우가 많은데, 예를 들면 운전 중 휴대전화를 사용하거나 음식물을 섭취하거나 여성 운전자 중 화장을 하는 경우로서 이러한 주의를 분산시키는 행동은 교통사고의 주된 원인이 된다.

정답   20 ③   21 ②   22 ④

06 | 교통안전관리의 체계

상

01 운수회사의 교통사고 방지를 위한 안전관리 업무를 담당하는 안전관리조직의 포함되는 요소로 옳지 않은 것은?

① 안전관리조직은 안전관리 목적달성의 수단일 것
② 안전관리조직은 안전관리 목적달성에 지장이 없는 한 단순할 것
③ 안전관리조직은 인간을 목적달성을 위한 수단의 요소로 인식할 것
④ 안전관리조직은 인간을 목적달성의 수단으로 종합적으로 판단할 것

해설

운수업체 내에서 교통사고 방지를 위한 안전관리업무를 담당할 기구로 안전관리조직이 필요하다. 안전관리조직은 일반적인 조직론에서와 같이 라인(Line)형과 스태프(Staff)형, 라인스태프 혼합형으로 구분할 수가 있다. 어떠한 형의 안전관리조직이건 다음과 같은 요소들이 고려되어야 한다.

① 안전관리조직은 안전관리 목적달성의 수단이라는 것
② 안전관리조직은 안전관리 목적달성에 지장이 없는 한 단순할 것
③ 안전관리조직은 인간을 목적달성을 위한 수단의 요소로 인식할 것
④ 안전관리조직은 구성원을 능률적으로 조절할 수 있어야 할 것
⑤ 안전관리조직은 그 운영자에게 통제상의 정보를 제공할 수 있어야 할 것
⑥ 안전관리조직은 구성원 상호간을 연결할 수 있는 공식적 조직(Formal Organization)이어야 할 것
⑦ 안전관리조직은 환경의 변화에 끊임없이 순응할 수 있는 유기체조직이어야 할 것

중

02 다음 중 라인과 스태프에 대한 설명으로 틀린 것은?

① 스태프는 전문적인 권한을 행사하는 조직이다.
② 라인은 경영활동의 집행을 담당한다.
③ 라인은 조직의 목표달성을 위해 부하를 감독하고 작업결과에 대하여 책임을 지는 조직이다.
④ 스태프는 라인에 지원과 조언의 전문적인 서비스를 제공하는 조직이다.

해설

라인은 지휘 명령계통이라는 두 가지 뜻을 포함하며, 생산활동에 직접 종사하는 사람 직위 부문 및 이와 연결되는 지휘 명령계통상에 위치하는 각급 경영자 관리자를 말한다. 이에 대하여 스태프는 라인의 경영자 관리자가 맡은 바 경영관리 활동을 효율적으로 할 수 있도록 전문적인 입장에서 돕는 기능, 직위, 사람, 부문을 말한다. 따라서 전문적인 권한을 행사하는 조직은 라인조직이다.

중

03 다음 중 공식집단의 특성으로 옳지 않은 것은?

① 비가시적이다.
② 표준화된 업무를 수행한다.
③ 제도화된 공식 규범의 바탕 위에 성립된다.
④ 공적인 목표를 추구하기 위하여 인위적으로 조직을 구성한다.

해설

공식조직과 비공식조직
1. 공식조직(Formal Organization)의 개념과 특성
   공식조직이란 분업과 권한, 책임의 계층제를 통하여 일정한 목표를 달성하려는 조직으로서, 법률, 규칙이나 직제에 의하여 형성된 인위적 조직을 말한다. 공식조직의

특성은 다음과 같다.
① 공적인 목표를 추구하기 위하여 인위적으로 조직을 구성한다.
② 제도화된 공식 규범의 바탕 위에 성립되며, 권한의 계층, 명료한 책임 분담, 표준화된 업무 수행, 몰인정한 인간관계 등이 특징이다.
③ 외면적이고 가시적이며, 건물이나 집무실을 가진다.
④ 능률이나 비용의 논리에 의해 구성 및 운영된다.
⑤ 피라미드의 정점으로부터 하층에 이르기까지 전체 조직이 인식의 대상이다.

2. 비공식조직(Informal Organization)의 개념과 특성
비공식조직이란 구성원 상호간의 접촉이나 친근성으로 말미암아 지연 발생적으로 형성되는 조직으로서 사실상 존재하는 현실적 인간상호관계나 인간의 욕구를 기반으로 하며 구조가 명확하지 않으나 공식조직에 비하여 신축성을 가진 조직이다. 비공식조직의 특성은 다음과 같다.
① 구성원 간의 상호작용에 의해 자연 발생적으로 성립된다.
② 혈연, 지연, 학연, 취미, 종교, 이해관계 등의 기초 위에 형성된다.
③ 내면적이고 비가시적이며, 건물이나 집무실이 없다.
④ 감정의 논리에 의해 구성, 운영되며 공식적 조직의 일부를 점유하면서 그 속에 산재하고 있다.
⑤ 친숙한 인간관계를 요건으로 하기 때문에 대체로 소집단의 상태를 유지한다.

04 조직체계 방식 중 직무의 표준화를 의미하는 것은?

① 공식화의 원칙
② 권한과 책임의 원칙
③ 명령통일 원칙
④ 전문화의 원칙

해설

조직이란 권한과 책임을 분배하여 조직체계를 형성하는 것을 말하며, 조직체계를 형성할 때에는 다음과 같은 원칙들을 지켜야 한다.

1. 전문화의 원칙
각 구성원은 전문화된 단일 업무를 담당함으로써 직무 활동의 능률을 높일 수 있다.
2. 명령통일의 원칙
조직의 질서를 바르게 유지하기 위해서는 명령계통이 일원화 되어야 한다.
3. 권한 및 책임의 분배 원칙
구성원 간의 권한 및 책임이 분배됨으로써 직무활동의 능률을 높일 수 있다.
4. 공식화의 원칙
구성원의 직무나 행위를 정형화함으로써 직무활동에 대한 예측 및 조정 · 통제가 용이하게 된다.
5. 권한의 위임 원칙
하급자에게 권한을 주게 되면 일에 대해서 창의력을 발휘할 뿐만 아니라 결과에 대해서도 책임감을 가지게 되어 직무활동의 능률을 높일 수 있다. 또한 상급자 고유 업무에 대해 전력을 다하는 장점도 있다.
6. 감독범위의 적정화 원칙
한 사람의 상급자가 몇 사람의 하급자를 거느리는 것이 감독상 가장 적당한가라는 것을 고려해서 조직을 편성해야 한다.

05 권한은 특정업무를 수행할 때 사용되며 책임의 집합을 의미한다. 이 권한을 위임하는 이유로 옳지 않은 것은?

① 하급자의 능률 향상에 이바지될 수 있다.
② 업무 처리 능력이 효율적으로 향상된다.
③ 변화에 따른 환경에 대응하여 최고 상급자의 지배권을 강화할 수 있다.
④ 상급자 고유 업무에 전력을 다할 수가 있다.

해설

4번 문제 해설 참조

06 운송업체의 최고경영진의 마음가짐에 해당하지 않는 것은?

① 감독자와 운전자는 계급을 떠나서 인간적 관계를 맺는다.
② 안전관계회의에는 항시 참석한다.
③ 권위 있는 지도력과 안전관리에 대한 지속적 관심을 표시한다.
④ 상벌을 시행할 때에는 참석하지 않는다.

해설

경영자는 종업원에게 상을 줄 때나 벌을 줄때에도 참여하여야 한다.

07 중간관리자의 주요한 역할로 보기 어려운 것은?

① 전문가로서의 역할
② 현장 최일선의 지도자
③ 소관부문의 종합조정자
④ 상하간 및 부분상호간의 커뮤니케이션

해설

관리계층은 최고관리층, 중간관리층, 하위관리층으로 나뉜다. 최고관리층은 회장, 사장, 전무, 임원 등으로 구성되고 중간관리층은 국장, 처장, 부장 등으로 구성되며 하위경영층은 과장, 계장 등으로 구성된다. 이 중 중간관리층이 하는 역할은 다음과 같다.
① 상하간 및 부분상호간의 커뮤니케이션
② 소관부문의 종합조정자
③ 전문가로서의 직장의 리더

08 타인과의 관계에서 자신의 잠재력, 운명, 위치 등을 파악하는 기준이 되는 집단을 무엇이라 하는가?

① 이익집단   ② 우호집단
③ 준거집단   ④ 소속집단

해설

사회집단의 종류
1. 내집단과 외집단
   ① 구분 기준 : 집단에 대한 소속감 여부
   ② 내집단 : 자기 자신이 소속되어 있다고 느끼는 집단으로서 자기 집단에 대한 애착심이 강하게 나타나고, 타 집단에 대한 폐쇄성을 보이기도 함(우리 집단)
   ③ 외집단 : 자신이 소속되어 있지 않은 외부의 집단으로서 이질감을 갖는 집단(그들 집단)
2. 공동 사회와 이익 사회(퇴니스의 분류)
   ① 구분 기준 : 구성원들의 결합 의지 유무
   ② 공동 사회 : 인간의 의지와 무관하게 자연적으로 형성된 집단으로서 정(情)과 전인적인 인간관계를 중시하고, 전통과 관습에 의해 질서가 유지됨(가족, 촌락 공동체 등)
   ③ 이익 사회 : 인간의 인위적 의지에 의해 형성된 집단으로서, 합리성, 수단적 인간관계를 중시하고, 공식적인 규율에 의해 질서가 유지됨(회사, 정당 등)
3. 1차 집단과 2차 집단(쿨리의 분류)
   ① 구분 기준 : 구성원의 접촉 방식
   ② 1차 집단 : 구성원들 간의 친밀감과 지속적인 상호 작용을 중심으로 함
   ③ 2차 집단 : 특정 목적을 달성하기 위한 형식적, 수단적 상호 작용을 중심으로 함
4. 준거 집단 : 개인이 살아가는 데 있어서 신념과 가치 판단, 행위의 기준이 되는 집단

09 집단활동의 타성화에 대한 대책으로써 옳지 않은 것은?

① 문제의식 억제
② 성과를 도표화
③ 표어, 포스터의 모집
④ 타 집단과 상호교류

해설

집단활동의 타성화에 대한 대책으로 집단구성원의 문제의식을 억제시키는 것보다는 활성화시키는 것이 필요하다.

10 갈등관계에 있는 두 집단의 대면적 화합을 통해서 갈등을 줄이고자 하는 집단갈등 해소방법은?

① 상위의 공동목표 설정
② 문제해결법
③ 외부인사의 초빙
④ 전제적 명령

해설

집단갈등의 해결방안

1. 대면전략(문제해결법) : 갈등집단끼리 한 번 얼굴을 맞대고 서로 갈등을 해소
2. 협상(타협) : 서로 양보를 통하여 상호이익이 되는 합의점 마련
3. 상위목표의 도입 : 집단들이 서로 힘을 합치지 않고서는 문제해결이 안 되는 목표를 설정
4. 조직구조의 개편 : 구성원들의 태도나 사고방식의 변화 등의 행위적인 변화는 일시적인 해결뿐이고 근원적인 갈등의 해결을 위해서 조직구조의 개편이 필요
5. 자원증대 : 조직 내의 한정된 자원을 확대 – 현실적으로 어려움

11 페일 세이프(Fail Safe)에 대한 용어 설명으로 옳은 것은?

① 자동차 운송의 배차계획을 말한다.
② 교통사고 처리지침을 말한다.
③ 업무분담에 따른 폐해방지제도이다.
④ 인간 또는 기계의 실패로 안전사고가 발생하지 않도록 2중 또는 3중으로 통제를 가하는 것이다.

해설

페일 세이프(Fail – Safe)는 시스템에 고장이 발생하여도 안전한 상태를 유지 또는 안전한 상태로 유지시키는 특성을 말한다.

12 인적평가와 관련 발생가능한 오류에 대한 설명으로 틀린 것은?

① 상관적 편견 : 평가자가 관련성이 없는 평가항목들 간에 높은 상관성을 인지하거나 또는 이들을 구분할 수 없어서 유사 · 동일하게 인지할 때 발생
② 후광효과 : 피고과자를 실제보다 과대 혹은 과소평가하는 것으로서 집단의 평가 결과가 한쪽으로 치우치는 경향
③ 상동적 오류 : 타인에 대한 평가가 그가 속한 사회적 집단에 대한 지각을 기초로 해서 이루어지는 것
④ 투사 : 자기 자신의 특성이나 관점을 다른 사람에게 전가시키는 것

해설

1. 현혹효과(후광효과)
   한 분야에 있어서 어떤 사람에 대한 호의적인 태도가 다른 분야에 있어서의 그 사람에 대한 평가에 영향을 주는 것을 말한다. 예컨대 판단력이 좋은 것으로 인식되어 있으면 책임감 및 능력도 좋은 것으로 판단하는 것을 말한다.
2. 상관적 편견
   평가자가 관련성이 없는 평가항목들 간에 높은 상관성을 인지하거나 또는 이들을 구분할 수 없어서 유사 · 동일하게 인지할 때 발생한다.
3. 상동적 오류
   타인에 대한 평가가 그가 속한 사회적 집단에 대한 지각을 기초로 해서 이루어지는 것을 말한다. 예컨대, 어느 지역출신 또는 어느 학교출신이기 때문에 어떠할 것이라고 판단하는 것을 말한다.
4. 투사 또는 주관의 객관화
   자기 자신의 특성이나 관점을 다른 사람에게 전가시키는 것을 투사 또는 주관의 객관화라 한다. 이러한 투사는 인사고과의 결과에 대한 왜곡현상을 유발한 오류가 발생한다.

정답 10 ② 11 ④ 12 ②

13 어떤 한 분야에 있어서 어떤 사람에 대한 호의적 또는 비호의적인 인상이 다른 분야에 있어서 그 사람에 대한 평가에 영향을 주는 경향으로 옳은 것은?

① 스테레오타입
② 최근효과
③ 자존적 편견
④ 후광효과 또는 현혹효과

해설

12번 문제 해설 참조

07 교통안전관리기법

⚫━⚫ 하

01 교통안전교육의 내용 중 하나인 인간관계의 소통과 관련 다른 교통참가자를 동반한 자로서 받아들여 그들과 의사소통을 하게 하거나 적절한 인간관계를 맺도록 하는 것을 의미하는 것은?

① 자기통제(Self – Control)
② 타자적응성
③ 준법정신
④ 안전운전태도

해설

교통안전교육의 내용
1. 자기통제(Self – Control)
   자기통제란 교통수단의 사회적인 의미 · 기능, 교통참가자의 의무 · 책임, 각종 사회적 제한에 대해 충분히 인식하고 자기의 욕구 · 감정을 통제하게 하는 것을 말한다.
2. 준법정신
   준법정신을 갖게 하기 위해서는 교통법령에 대한 지식과 그 의미를 이해하고 적법한 교통습관을 형성케 해야 한다.
3. 안전운전태도
   안전운전에 대한 심리적 마음가짐을 말한다.
4. 타자적응성
   다른 교통참가자를 동반자로서 받아 들여 그들과 의사소통을 하게 하거나 적절한 인간관계를 맺도록 하는 것을 말한다.
5. 안전운전기술
   안전운전에 대한 인지 · 판단 · 결정기능과 위험감수능력과 위험발견의 기능 등을 체득하게 하려는 것이다.
6. 운전(조작)기능
   자동차는 완벽하게 컨트롤할 수 있는 기능과 교통위험을 회피할 수 있는 능력을 배양하게 하려는 것이다.

⚫━⚫ 하

02 다음 중 현장안전회의(Tool Box Meeting)의 진행 단계로 옳은 것은?

① 도입→운행지시→점검정비→위험예지→확인
② 위험예지→도입→운행지시→점검정비→확인
③ 도입→점검정비→운행지시→위험예지→확인
④ 위험예지→확인→도입→점검정비→운행지시

해설

현장안전회의(Tool Box Meeting)의 회의 진행
① 도입(제1단계) : 직장체조, 무사고기의 게양, 인사, 목표 제창으로 시작되는 단계이다.
② 점검정비(제2단계) : 자동차나 물품의 정비, 건강 · 복지 등의 점검을 하는 단계를 말한다.
③ 운행지시(제3단계) : 전달사항, 연락사항, 당일 기상정보와 운행시 주의사항, 안전수칙 요령주지, 위험장소의 지정, 운행경로의 명시 등이 이루어지는 단계이다.
④ 위험예지(제4단계) : 당일 운행에 관한 위험을 가상한 위험예측활동과 위험예지훈련이 이루어지는 단계이다.
⑤ 확인(제5단계) : 위험에 대한 대책과 팀 목표의 확인이 이루어지는 단계이다. 예컨대, "오늘도 안전운행, 무사고 좋아" 등이 있다.

⚫━⚫ 하

03 안전관리활동 중 현장안전회의(Tool Box Meeting)에 관한 설명으로 옳지 않은 것은?

① 짧은 시간을 할애하여 미팅한다.
② 장시간 할애하여 미팅한다.
③ 인원수는 5~6인이 적당하다.
④ 운행종료 후에도 미팅한다.

해설

현장안전회의란 짧은 시간을 할애하여 직장에서 행하는 안전 미팅이다. 운행과정에서 발생한 교통사고 가운데 상당한 부분은 주로 운전자의 불안전행위에 기인한다. 이와 같은 사고를 방지하기 위한 방법의 하나로 현장안전회의가 도입된다.

04 다음 중 10명 정도가 모여 무작위로 의견을 제시하고 제출된 의견에 대한 상호비판을 금지하면서 의사를 결정하는 기법에 해당하는 것으로 옳은 것은?

① 명목집단법
② 체크리스트법
③ 브레인스토밍
④ 시그니피케이션

해설

직무상 훈련기법

기 법	내 용
브레인스토밍법 (Brain Storming Technique)	자유분방한 분위기에서 각자 아이디어를 내게 하는 기법
시그니피컨트법 (Significant Technique)	유사성 비교를 통해 아이디어를 찾는 기법
노모그램법 (Nomogram Method Technique)	도해적으로 아이디어를 찾는 방법
희망열거법	희망사항을 열거함으로써 아이디어를 찾는 기법
체크리스트법 (Checklist Technique)	항목별로 체크함으로써 조사해 나가는 기법
바이오닉스법 (Bionics Technique)	자연계나 동·식물의 모양·활동 등을 관찰·이용해서 아이디어를 찾는 기법

기 법	내 용
고든법 (Gordon Technique)	문제의 해결책을 그 문제되는 대상 자체가 아닌 그 관련부분에서 찾는 기법
인풋-아웃풋 기법 (Input-Output Technique)	투입되는 것과 산출되는 것의 비교를 통해 아이디어를 찾는 방법으로 자동시스템의 설계에 효과가 있는 기법
초점법	인풋·아웃풋 기법과 동일한 기법에 속하는 것으로 먼저 산출 쪽을 결정하고 나서 투입 쪽은 무결정으로 임의의 것을 강제적으로 결합해 가는 것

05 여러 사람이 모여 자유로운 발상으로 아이디어를 내는 아이디어 창조기법에 해당하는 것은?

① 브레인스토밍(Brain Stroming) 방법
② 시그니피컨트(Significant) 방법
③ 노모그램(Nomogram) 방법
④ 바이오닉스(Bionics) 방법

해설

4번 문제 해설 참조

06 효율적인 상담기법이 아닌 것은?

① 상담자는 편견이나 선입관으로부터 탈피되어야 한다.
② 내담자의 말을 경청하고 세밀히 관찰하여야 한다.
③ 내담자의 발언을 자주 가로막고 성급한 결론을 이끌어서는 안된다.
④ 내담자가 상담자에게 공격성을 나타내면 무시하고 상담의 주제를 바꾼다.

정답 04 ③ 05 ① 06 ④

해설

상담면접의 주요기법

1. 상담면접의 시작 : 신뢰감, 라포 형성(라포 : 상담자와 내담자 사이의 신뢰감, 친화감)
2. 반영 : 새로운 용어로 부연, 느낌의 반영, 감정의 반영, 행동 및 태도의 반영
3. 수용 : 내담자에게 주의를 기울이고 있으며 내담자의 말을 받아들이고 있다는 상담자의 태도와 반응
4. 구조화 : 상담과정의 본질, 제한조건 및 방향에 대하여 상담자가 정의를 내려주는 것
5. 환언(바꾸어 말하기) : 내담자가 한 말을 간략하게 반복함으로써 내담자의 생각을 구체화
6. 경청 : 주의깊게 들음
7. 요약 : 여러 생각과 감정을 상담이 끝날 무렵 정리하는 것
8. 명료화 : 내담자가 말하고자 하는 의미를 상담자가 생각하고 이 생각한 바를 다시 내담자에게 말해준다.
9. 해석 : 내담자로 하여금 자기의 문제를 새로운 각도에서 이해하도록 그의 생활경험과 행동의 의미를 설명하는 것

07 다음 중 효율적 상담기법에 해당하지 않는 것은?

① 상담자는 내담자에 관한 비밀을 외부에 누설해서는 안 된다.
② 내담자의 공격적인 질문에 대해서는 무조건 회피하고 다른 질문으로 유도한다.
③ 내담자가 말하고자 하는 의미를 상담자가 생각하고 이 생각한 바를 다시 내담자에게 말해준다.
④ 상담자는 내담자에게 주의를 기울이고 있으며 내담자의 말을 받아들이고 있다는 태도를 유지한다.

해설

6번 문제 해설 참조

08 교통사고 예방을 위한 법규나 관리규정 등을 제정하여 안전관리의 효율성을 제고하기 위한 접근방법은?

① 인도적 접근방법
② 기술적 접근방법
③ 과학적 접근방법
④ 제도적 접근방법

해설

사고예방을 위한 접근방법

1. 기술적 접근방법(외적 표현)
   ① 교통기관의 기술개발을 통하여 안전도를 향상시키는 것이다.
   ② 하드웨어의 개발을 통한 안전의 확보라고 할 수 있다.
   ③ 운반구 및 동력제작의 기술발전이 교통수단의 안전도를 향상시킨다.
   ④ 교통수단을 조작하는 교통종사원의 기술숙련도 향상을 통한 안전운행 역시 기술적 접근방법이라 할 수 있다.
2. 관리적 접근방법(정신적 · 내적 표현)
   ① 교통의 기술면에서 교통기관을 효율적으로 관리하고 통제할 수 있도록 적합시키는 방법론이다.
   ② 경영관리기법을 통한 전사적 안전관리, 통계학을 이용한 사고유형 또는 원인의 분석, 품질관리기법을 원용한 통계적 관리기법, 인간행태학적 접근, 인체생리학적 접근 등이다.
3. 제도적 접근방법
   ① 제도적 접근방법은 기술적(하드웨어) 접근방법이나 관리적 접근방법을 통하여 개발된 기법의 효율성을 제고하기 위하여 제도적 장치를 마련하는 행위이다.
   ② 법령(안전관리규정 등)의 제정을 통한 안전기준의 마련이나 안전수칙 또는 원칙을 정하여 준수토록 하면서 제도적으로 안전을 확보하고자 하는 것이다.
   ③ 제도적 접근방법은 기술적 · 관리적인 면에서 개발된 기법을 효율성 있게 제고하기 위한 행위이다.

상

09 정보처리방법의 하나인 IPDE에 대한 다음 설명 중 옳지 않은 것은?

① 확인(Identify) : 주변의 모든 것을 빠르게 한눈에 파악하는 것을 말한다.

② 예측(Predict) : 운전 중에 확인한 정보를 취합하여 사고가 발생할 수 있는 지점을 판단하는 것을 말한다.

③ 결정(Decision) : 잠재적 사고 가능성이 예측되더라도 그대로 진행해야 한다.

④ 실행(Execute) : 요구되는 시간 안에 필요한 조작을 가능한 부드럽고 신속하게 해내는 것이다.

해설

교통사고의 원인은 대부분 운전자의 지각 및 판단의 실수라 할 정도로 운전에 있어 지각 및 판단과정은 매우 중요하며, 운전에 있어서 중요한 정보의 90% 이상은 시각정보를 통해 수집하는 것이다. 방어운전자는 시시각각으로 변하는 운전 중의 상황을 눈으로 탐색, 확인하고, 필요한 판단을 행동으로 옮기는 과정을 끊임없이 되풀이한다. 이러한 과정은 0.5초라도 지체되어서는 위험으로 바로 이어질 수 있는 과정이다. 따라서 효율적인 정보탐색과 정보처리는 운전에 있어 매우 중요하다. 운전의 위험을 따르는 효율적인 정보처리 방법의 하나가 바로 확인, 예측, 결정, 실행(IPDE) 과정을 따르는 것이다.

1. 확인(Identify)
   확인이란 주변의 모든 것을 빠르게 한눈에 파악하는 것을 말하며 주행하는 도로의 상황을 조사하여 필요한 운전 단서를 찾아낼 필요가 있다. 이때 중요한 것은 가능한 한 멀리까지, 즉 적어도 12～15초 전방까지 문제가 발생할 가능성이 있는지를 미리 확인하는 것이다. 이 거리는 시가지 도로에서 시속 40～60[km] 정도로 주행할 경우 200[m] 정도의 거리에 해당된다.

2. 예측(Predict)
   예측한다는 것은 운전 중에 확인한 정보를 모으고 사고가 발생할 수 있는 지점을 판단하는 것이다. 사고를 예상하는 능력을 키우기 위해서는 지식, 경험 그리고 꾸준한 훈련이 필요하다. 변화하는 교통 환경과 교통법규 및 자동차에 대한 지식은 물론이고 비, 눈, 안개와 같은 다양한 상황에서의 운전경험도 필요하다.

3. 결정(Decision)
   상황을 파악하고 문제가 없다면 그대로 진행해야 하지만 잠재적 사고 가능성을 예측한 후에는 사고를 피하기 위한 행동을 결정해야 한다. 그 기본적인 방법은 속도, 가감속, 차로변경, 신호 등이다.

4. 실행(Execute)
   결정된 행동을 실행에 옮기는 단계에서 중요한 것은 요구되는 시간 안에 필요한 조작을 가능한 부드럽고 신속하게 해내는 것이다. 이 과정에서 기본적인 조작기술이지만 가감속, 제동 및 핸들조작 기술을 제대로 구사하는 것은 매우 중요하다.

하

10 다음 중 집합교육의 유형에 해당하지 않는 것은?

① 강의

② 토론

③ 실습

④ 카운슬링

해설

집합교육이란 개개인이 아닌 교육생 전체를 대상으로 실시하는 교육훈련을 말하며 유형으로는 강의, 시범, 토론, 실습 등이 있다. 카운슬링은 개인별 교육훈련 유형에 속한다.

정답 09 ③ 10 ④

08 교통안전진단

01 교통안전진단의 단계 중 조사단계에 해당하는 것은?

① 교통안전관리체계구성
② 안전지시
③ 단계별 안전점검
④ 개선목표 달성을 위한 대책 강구

해설

교통안전진단의 단계 중 조사단계에서는 진단목적을 효율적으로 달성하기 위해 필요한 자료의 정비(교통안전관리체계 구성), 진단반의 구성이나 진단일정 등을 준비한다.

02 다음 중 국가 간의 교통안전도를 평가하기 위한 자료로서 적절하지 못한 것은?

① 교통수단 전손율
② 인구 10만명 당 교통사고 사망자 수
③ 사고 1만건 당 교통사고 사망자 수
④ 주행거리 1억 킬로미터 당 교통사고 사망자 수

해설

교통안전도를 평가하기 위한 자료에는 인구 10만 명 당 교통사고 사망자 수, 사고 1만 건 당 교통사고 사망자 수, 주행거리 1억 킬로미터 당 교통사고 사망자 수, 백만진입차량대수 사고율 등이 있다.

03 사고비용 책정방식 중 시몬즈(Simonds)의 방식으로 옳지 않은 것은?

① 휴업재해
② 치료재해
③ 응급처치재해
④ 노후재해

해설

시몬즈 방식의 총 재해 비용 산출방식은 다음과 같다.
보험비용＋비보험비용
＝ 산재보험료＋A×(휴업재해 건수)＋B×(치료재해 건수)＋C×(응급처치재해 건수)＋D×(무상해사고 건수)
여기서 A, B, C, D는 상해정도별 재해에 대한 비보험비용의 평균액(산재 보험금을 제외한다)을 말한다. 사망과 영구전노동불능상해는 재해범주에서 제외되는 단점이 있다. 각 재해별 내용은 다음과 같다.
① 휴업재해 : 영구부분 노동불능, 일시전 노동불능
② 치료재해 : 일시부분 노동불능, 의사의 조치를 요하는 치료재해
③ 응급처치재해 : 20달러 미만의 손실 또는 8시간 미만의 휴업손실
④ 무상해사고 : 의료조치를 필요로 하지 않는 경미한 상해, 사고 및 무상해 사고(20달러 이상의 재산소실 또는 8시간 이상의 손실사고)

04 교통안전관리의 단계 중 작업장, 사고현장 등을 방문하여 안전지시, 일상적인 감독상태 등을 점검하는 단계는?

① 준비단계
② 조사단계
③ 계획단계
④ 설득단계

정답 01 ① 02 ① 03 ④ 04 ②

해설

교통안전관리의 단계

1. 준비단계
   안전관리의 준비로써 전문잡지 및 도서의 이용, 회의 및 세미나참석, 각종 안전기구의 활동에 참석하는 것 등이 포함된다.
2. 조사단계
   조사는 대체로 사고기록을 철저히 기록함으로써 시작된다. 또한 작업장, 사고현장 등을 방문하여 안전지시, 일상적인 감독상태 등을 점검하여야 한다.
3. 계획단계
   안전관리자는 대안들을 분석하여 바람직한 행동계획을 수립해야 한다. 여기에는 운전습관, 감독, 근무환경 등의 개선이 필요하게 될 것이다.
4. 설득단계
   안전관리자는 최고 경영진에게 가장 효과적인 안전관리방안을 제시해 주어야 한다.
5. 교육훈련단계
   경영진으로부터 새로운 제도에 대한 승인을 얻고 나면 종업원들을 교육·훈련시켜야 한다.
6. 확인단계
   안전제도는 한번 시행된 후에는 정기적인 확인을 필요로 한다. 이러한 확인은 단순할 수도 있고 심층적일 수도 있다.

05 교통안전관리의 단계에서 교통안전관리자가 경영진에 대해 효과적인 안전관리방안을 적시해야 하는 단계로 볼 수 있는 것은?

① 수립단계
② 계획단계
③ 설득단계
④ 실행단계

해설

4번 문제 해설 참조

06 다음 중 직접적 손실비용에 포함되지 않는 것은?

① 심리적 치료비
② 간호비
③ 차량손실에 따른 복구비용
④ 임금 및 노동력 감소

해설

1. 직접비용
   의료비, 위로금, 수익감소, 파손된 자동차 및 구조물 복구비, 앰뷸런스 서비스 비용, 보험운영비용 및 사고처리 행정비용이 포함된다.
2. 간접비용
   피해자의 경제활동 불능으로 인한 경제활동 감소효과, 자동차사고방지를 위한 인프라 및 시스템 구축비용, 피해자의 심리적 불행, 교통흐름 제한으로 인하여 발생하는 비용 등이 포함된다.

07 교통사고 예방을 위해 위험요소 제거 6단계 순서로 옳은 것은?

① 조직의 구성 – 원인분석 – 위험요소의 탐지 – 개선대안의 제시 – 환류(Feed Back) – 대안의 채택 및 시행
② 조직의 구성 – 위험요소의 탐지 – 원인분석 – 개선대안의 제시 – 대안의 채택 및 시행 – 환류(Feed Back)
③ 위험요소의 탐지 – 원인분석 – 조직의 구성 – 환류(Feed Back) – 개선대안의 제시 – 대안의 채택 및 시행
④ 위험요소의 탐지 – 대안의 채택 및 시행 – 조직의 구성 – 개선대안의 제시 – 원인분석 – 환류(Feed Back)

해.설

위험요소 제거 6단계
1. 조직의 구성
   안전관리업무를 수행할 수 있는 조직의 구성, 안전관리 책임자의 임명, 안전계획의 수립 및 추진 등의 단계이다.
2. 위험요소의 탐지
   안전점검 또는 진단사고, 원인의 규명, 종사원 교통활동 및 태도분석을 통하여 불안전행위와 위험한 환경조건 등 위험요소를 발견하는 단계이다.
3. 원인분석
   발견된 위험요소는 면밀히 분석하여 원인규명을 하는 단계이다.
4. 개선대안의 제시
   분석을 통하여 도출된 원인을 토대로 효과적으로 실현할 수 있는 대안을 제시하는 단계이다.
5. 대안의 채택 및 시행
   당해 기업이 실행하기에 가장 알맞은 대안을 선택하고 시행하는 단계이다.
6. 환류(Feed Back)
   과정상의 문제점과 미비점을 보완하여야 하는 단계이다.

CHAPTER

05

실전모의고사

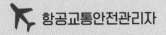

과 목 교통법규

01 다음 중 교통안전담당자의 직무로 옳지 않은 것은?

① 교통사고 원인 조사 · 분석 및 기록 유지
② 운행기록장치 및 차로이탈경고장치 등의 점검 및 관리
③ 교통안전관리규정의 시행 및 그 기록의 보존 · 관리
④ 교통수단의 운행 · 운항 또는 항행 또는 교통시설의 운영 · 관리와 관련된 안전점검의 지도 · 감독

02 교통안전담당자의 직무로서 먼저 조치하고 교통사업자에게 차후 보고해도 되는 업무 종류로 옳지 않은 것은?

① 교통수단의 운행등의 계획 변경
② 교통안전을 해치는 행위를 한 차량 운전자등에 대한 징계
③ 교통수단의 정비
④ 운전자등의 승무계획 변경

03 다음 중 교통안전법에서 규정하는 교통수단으로 옳지 않은 것은?

① 차마
② 전동휠체어
③ 철도차량
④ 항공기

04 다음 중 교통안전진단기관 등록을 취소하거나 규정에 따른 교통안전관리자 자격의 취소가 있을 때 올바른 것은?

① 과태료 부과
② 결격사유 작성
③ 청문 실시
④ 취소에 따른 징계

05 국가가 교통수단에 교통안전장치 장착을 의무화할 경우 비용 지원을 해야 하는 사업자로 옳지 않은 것은?

① 여객자동차 운송사업자
② 화물자동차 운송가맹사업자
③ 화물자동차 운송사업자
④ 여객자동차 대여사업자

06 국가교통안전기본계획에 포함되는 사항으로 옳지 않은 것은?

① 교통안전에 관한 중 · 장기 종합정책방향
② 부문별 교통사고의 발생분쟁 해소
③ 교통수단 · 교통시설별 교통사고 감소목표
④ 교통안전정책의 추진성과에 대한 분석 · 평가

07 운행하는 차량 중 차로이탈경고장치의 장착을 해야 하는 것으로 옳은 것은?

① 시내버스
② 피견인자동차
③ 덤프형 화물자동차
④ 시외버스

08 항공운송사업에 사용되는 터빈발동기를 장착한 항공기로 계기비행시 교체비행장이 요구될 경우 Holding Fuel은 몇 m(ft)에서 하는 것으로 계산되는가?

① 300m(1,000ft)
② 450m(1,500ft)
③ 600m(2,000ft)
④ 750m(2,500ft)

09 교통시설설치 · 관리자는 해당 교통시설을 설치 또는 관리하는 의무로 옳지 않은 것은?

① 교통안전시설 확충 · 정비
② 교통표지시설 확충
③ 교통표지시설 정비
④ 교통수단의 확충 · 정비

10 무인항공기의 항공기사고 기준으로 옳은 것은?

① 사람이 비행을 목적으로 항공기에 탑승하였을 때부터 탑승한 모든 사람이 항공기에서 내릴 때까지를 말한다.
② 비행을 목적으로 움직이는 순간부터 비행이 종료되어 발동기가 정지되는 순간까지를 말한다.
③ 항공기 시동을 걸고 착륙할 비행장까지 착륙하기 순간까지를 말한다.
④ 항공기가 이륙하고 착륙하기 순간까지를 말한다.

11 다음 중 항공안전법에 따른 사망 · 중상의 범위로 옳지 않은 것은?

① 골절
② 열상으로 인한 심한 출혈
③ 전염물질이나 유해방사선에 노출
④ 항공기사고, 경량항공기사고 또는 초경량비행장치사고로 부상을 입은 날부터 7일 이내에 36시간을 초과하는 입원치료가 필요한 부상

12 다음 중 항공안전법에 따른 항공기준사고 범위로 옳지 않은 것은?

① 항공기가 활주로 종단을 초과(Overrunning)한 경우
② 항공기가 활주로 옆으로 이탈한 경우
③ 항공기가 이륙 또는 초기 상승 중 규정된 성능에 도달하지 못한 경우
④ 항공기가 지상에서 운항 중 차량(장비)과 충돌한 경우

13 다음 중 항공업무에 포함되지 않는 것은?

① 항공기 조종연습 및 항공교통관제연습
② 무선설비의 조작을 포함한 항공기의 운항
③ 항공교통관제 업무
④ 정비등을 수행한 항공기의 감항성을 확인하는 업무

14 250석을 장착한 A330 항공기에 필요한 손확성기 수로 옳은 것은?

① 1개
② 2개
③ 3개
④ 4개

15 다음 중 공항운영자가 수립하는 자체 보안계획에 포함되는 사항으로 옳지 않은 것은?

① 보호구역 지정 및 출입통제
② 승객·휴대물품 및 위탁수하물에 대한 보안검색
③ 승객의 일치 여부 확인 절차
④ 항공기에 대한 경비대책

16 승객 좌석이 189석이 장착된 B737 항공기에 구비해야 할 소화기 수량으로 옳은 것은?

① 1개
② 2개
③ 3개
④ 4개

17 항공기의 조종사가 비행 시 특별한 주의·경계·식별 등이 필요한 공역으로 옳은 것은?

① 관제공역
② 비관제공역
③ 통제공역
④ 주의공역

18 외국 정부에서 관할하는 지역에서 비행 중 항공기가 요격을 받았을 경우 해당 항공기 조종사가 취하는 것으로 옳은 것은?

① 국제민간항공기구에서 정한 절차와 방식을 따라야 한다.
② 해당 국가에서 정한 절차와 방식을 따라야 한다.
③ 항공기 국적 국가에서 정한 절차와 방식을 따라야 한다.
④ 지방항행안전협의체 회의에서 정한 절차와 방식을 따라야 한다.

19 항공보안법에서 정의하는 "운항중" 이란?

① 비행을 목적으로 움직이는 순간부터 비행이 종료되어 발동기가 정지되는 순간까지를 말한다.
② 승객이 탑승한 후 항공기의 모든 문이 닫힌 때부터 내리기 위하여 문을 열 때까지를 말한다.
③ 사람이 비행을 목적으로 항공기에 탑승하였을 때부터 탑승한 모든 사람이 항공기에서 내릴 때까지를 말한다.
④ 이륙을 위해 승객이 탑승한 후 탑승교가 이현한 때부터 착륙 후 내리기 위하여 탑승교가 접현할 때까지를 말한다.

20 항공보안법률을 위반하는 사항으로 옳지 않은 것은?

① 해당 항공기 항공사에서 농성을 피우는 행위
② 항공기 또는 공항에서 사람을 인질로 삼는 행위
③ 항공기, 공항 및 항행안전시설을 파괴하거나 손상시키는 행위
④ 지상에 있거나 운항중인 항공기를 납치하거나 납치를 시도하는 행위

21 4등급 또는 5등급의 항공영어구술능력 증명을 받은 사람이 유효기간이 끝나기 전 6개월 이내에 항공영어구술능력 증명시험에 합격한 경우의 유효기간으로 옳은 것은?

① 영구
② 합격 통지일
③ 기존 증명의 유효기간이 끝난 다음 날
④ 기존 증명의 유효기간이 끝나기 전날

22 항공영어구술능력 증명의 등급별 유효기간 중 5등급의 유효기간으로 옳은 것은?

① 1년   ② 3년
③ 6년   ④ 영구

23 항공기가 활공기 외의 물건을 예항하는 경우에는 예항줄에 붉은색과 흰색의 표지를 어느 간격으로 번갈아 붙여야 하는가?

① 10미터   ② 20미터
③ 40미터   ④ 80미터

24 다음 중 항공기 등록의 종류가 아닌 것은?

① 말소등록   ② 변경등록
③ 임시등록   ④ 이전등록

25 "국가기관등항공기"란 국가, 지방자치단체, 그 밖에 「공공기관의 운영에 관한 법률」에 따른 공공기관으로서 대통령령으로 정하는 공공기관(이하 "국가기관등"이라 한다)이 소유하거나 임차(賃借)한 항공기라고 한다. 다음 중 옳지 않은 것은?

① 도서지역으로 식량수송
② 산불의 진화 및 예방
③ 응급환자의 후송 등 구조ㆍ구급활동
④ 재난ㆍ재해 등으로 인한 수색(搜索)ㆍ구조

26 국토교통부장관에게 등록하지 않아도 되는 항공기로 옳지 않은 것은?

① 대한민국 국적으로 임차한 대통령 전용기
② 군 또는 세관에서 사용하거나 경찰업무에 사용하는 항공기
③ 항공기 제작자나 항공기 관련 연구기관이 연구ㆍ개발 중인 항공기
④ 외국에 임대할 목적으로 도입한 항공기로서 외국 국적을 취득할 항공기

27 항공운송사업용 비행기에 장착해야 하는 기압고도에 관한 정보를 제공하는 트랜스폰더의 성능으로 옳은 것은?

① 고도 50피트 이하의 간격으로 기압고도정보(Pressure Altitude Information)를 관할 항공교통관제기관에 제공할 수 있을 것
② 고도 30피트 이하의 간격으로 기압고도정보(Pressure Altitude Information)를 관할 항공교통관제기관에 제공할 수 있을 것
③ 고도 100피트 이하의 간격으로 기압고도정보(Pressure Altitude Information)를 관할 항공교통관제기관에 제공할 수 있을 것
④ 고도 25피트 이하의 간격으로 기압고도정보(Pressure Altitude Information)를 관할 항공교통관제기관에 제공할 수 있을 것

28 다음 중 항공안전법을 전부 또는 일부를 적용 특례받는 항공기로 옳지 않은 것은?

① 국토교통부에서 사용하는 비행점검용 항공기
② 세관업무 또는 경찰업무에 사용하는 항공기
③ 재해·재난 등으로 인한 수색·구조 목적으로 사용하는 항공기
④ 한미상호방위조약에 따라 미국에서 사용하는 항공기

29 다음 중 국토교통부령으로 정하는 긴급한 업무로 옳지 않은 것은?

① 화재의 진화
② 재난·재해 등으로 인한 수색·구조
③ 응급환자를 위한 장기(臟器) 이송
④ 불법 어선 등을 추적하는 경찰업무

30 다음 중 "국토교통부령으로 정하는 구역"인 곡예비행 금지구역으로 옳지 않은 것은?

① 관제권 및 관제구
② 사람 또는 건축물이 밀집한 지역의 상공
③ 지표로부터 1,500피트 미만의 고도
④ 해당 항공기를 중심으로 반지름 500미터 범위 안의 지역에 있는 가장 높은 장애물의 상단으로부터 1,500미터 이하의 고도

31 시계비행방식 항공기가 갖추어야 할 무선설비의 설치 및 운용의 의무로 해당되는 것은?

① 거리측정시설(DME) 수신기 1대
② 전방향표지시설(VOR) 수신기 1대

③ 계기착륙시설(ILS) 수신기 1대
④ 트랜스폰더(Mode 3/A 및 Mode C Transponder) 1대

32 다음 중 보수를 받고 무상으로 운항하는 항공기를 조종하는 항공종사자는?

① 사업용 조종사
② 자가용 조종사
③ 운송용 조종사
④ 경량항공기 조종사

33 회항시간 연장운항의 승인에 해당하는 사항으로 옳은 것은?

① 최대인가승객 좌석 수가 30석 미만인 쌍발 비행기
② 최대인가승객 좌석 수가 50석 미만인 쌍발 비행기
③ 최대이륙중량이 42,000[kg] 미만인 터빈발동기를 장착한 쌍발 비행기
④ 최대이륙중량이 46,000[kg] 미만인 터빈발동기를 장착한 쌍발 비행기

34 시계비행방식으로 비행 중인 항공기가 관제권 안의 비행장을 이륙하거나 접근할 수 없는 기상제한치는?

① 운고 1,500 피트 미만 또는 지상시정 8km 미만
② 운고 1,500 피트 미만 또는 지상시정 5km 미만
③ 운고 1,000 피트 미만 또는 지상시정 3km 미만
④ 운고 1,000 피트 미만 또는 지상시정 8km 미만

35 보안검색 면제대상으로 옳지 않은 것은?

① 공무로 여행을 하는 3부 요인(대통령, 국회의장, 대법원장)
② 국제협약 등에 따라 보안검색을 면제받도록 되어 있는 사람
③ 보안법 요건을 모두 갖춘 외교행낭
④ 외국의 국가원수

36 조종사가 군비행장을 착륙하려는 경우 수행해야 할 절차로 옳은 것은?

① 해당 군 기관이 정한 계기착륙절차를 준수해야 한다.
② FAA에서 정한 계기착륙절차를 준수해야 한다.
③ ICAO에서 권고하는 계기착륙절차를 준수해야 한다.
④ 국토교통부에서 고시하는 계기착륙절차를 준수해야 한다.

37 항공기 국적 등을 표시하는 설명으로 옳은 것은?

① 등록기호, 국적기호 순으로 표시한다.
② 국적기호와 등록기호는 붙여서 표시한다.
③ 등록기호의 첫 글자가 문자인 경우 국적기호와 등록기호 사이에 붙임표(−)를 삽입하여야 한다.
④ 등록기호는 국적기호와 함께 2문자로 조합하여 표시한다.

38 40세 미만 항공종사자 항공신체검사증명의 유효기간으로 옳지 않은 것은?

① 운송용 조종사 : 12개월
② 항공교통관제사 : 36개월
③ 사업용 조종사 : 12개월
④ 자가용 조종사 : 60개월

39 국토교통부장관이 고시하는 항공안전프로그램에 포함되는 사항으로 옳지 않은 것은?

① 항공안전 위험도 관리
② 항공안전운항지침
③ 항공안전보증
④ 항공안전 정책 및 달성목표

40 국토교통부장관은 항공기 운항안전을 위해 비행정보를 제공한다. 옳지 않은 것은?

① 비행장 이착륙을 하는 항공기의 운항에 장애가 되는 사항
② 비행장 이착륙 기상 최저치 등의 설정과 변경에 관한 사항
③ 항행안전시설의 중요한 변경
④ 항공로 내의 높이 150m 이상의 공역에서 기상관측을 위한 무인기구 계류

41 국토교통부장관이 제공하는 항공정보로 옳지 않은 것은?

① NOTAM
② AIP
③ AIM
④ AIC

42 다음 중 통행의 우선순위로 옳지 않은 것은?

① 기구류는 비행선에 진로를 양보할 것
② 비행선은 기구류에 진로를 양보할 것
③ 헬리콥터는 비행선에 진로를 양보할 것
④ 헬리콥터는 항공기 또는 그 밖의 물건을 예항하는 다른 항공기에 진로를 양보할 것

43 헬리콥터가 수색구조가 특별히 어려운 산악지역, 외딴지역 및 국토교통부장관이 정한 해상 등을 횡단 비행할 때 장비하여야 할 구급용구로 옳은 것은?

① 개인 부양 장비
② 구명보트
③ 일상용 닻
④ 불꽃조난신호장비

44 국토교통부장관은 항공기 안전운항을 확보하기 위하여 항공기 운항기술기준을 정하여 고시하는데, 이것에 포함되지 않는 것은?

① 항공종사자의 자격증명
② 항공기 등록부호
③ 항공기 계기 및 장비
④ 항공기 형식증명

45 항공기가 야간에 공중과 지상을 항행하는 경우 당해 항공기의 위치를 나타내기 위해 필요한 항공기의 등불은?

① 우현등, 좌현등, 미등
② 우현등, 좌현등, 충돌방지등
③ 우현등, 좌현등, 충돌방지등
④ 우현등, 좌현등, 미등, 충돌방지등

46 다음 중 팔꿈치를 구부려 유도봉을 가슴 높이에서 머리 높이까지 위 아래로 움직이는 유도신호는?

① 서행   ② 후진
③ 직진   ④ 착륙

47 교통안전관리규정에 포함해야 할 사항으로 옳지 않은 것은?

① 교통시설의 안전성 평가에 관한 사항
② 임직원 급여기준에 관한 사항
③ 교통수단의 관리에 관한 사항
④ 교통사고 원인의 조사·보고 및 처리에 관한 사항

48 공역의 설정기준으로 옳지 않은 것은?

① 국가안전보장과 항공안전을 고려할 것
② 이용자의 편의에 적합하게 공역을 구분할 것
③ 항공교통에 관한 서비스의 제공 여부를 고려할 것
④ 공역이 항공안전보다는 경제적으로 활용될 수 있을 것

49 지상접근경고장치(Ground Proximity Warning System)을 장착해야 하는 항공기는?

① 최대이륙중량이 1만5천킬로그램을 초과하거나 승객 30명을 초과하여 수송할 수 있는 터빈발동기를 장착한 항공운송사업 외의 용도로 사용되는 모든 비행기
② 최대이륙중량이 1만5천킬로그램을 초과하거나 승객 19명을 초과하여 수송할 수 있는 터빈발동기를 장착한 항공운송사업 외의 용도로 사용되는 모든 비행기

③ 최대이륙중량이 5,700킬로그램을 초과하거나 승객 5명을 초과하여 수송할 수 있는 터빈발동기를 장착한 비행기

④ 최대이륙중량이 5,700킬로그램을 초과하거나 승객 9명을 초과하여 수송할 수 있는 터빈발동기를 장착한 비행기

50 응급구호 및 환자 이송을 하는 헬리콥터 운항 승무원의 최대 승무시간이 연속 24시간일 때 옳은 것은?

① 8시간   ② 500시간
③ 800시간   ④ 1,400시간

정답

01	③	02	②	03	②	04	③	05	④
06	②	07	④	08	②	09	④	10	②
11	④	12	④	13	①	14	③	15	④
16	③	17	④	18	②	19	②	20	①
21	③	22	③	23	②	24	③	25	①
26	①	27	②	28	①	29	④	30	④
31	④	32	①	33	③	34	②	35	①
36	①	37	③	38	②	39	②	40	④
41	③	42	①	43	④	44	④	45	④
46	③	47	②	48	④	49	④	50	①

과 목 교통안전관리론

01 일반적으로 동체시력은 정지시력에 비해 몇 % 낮아지는가?

① 10%   ② 15%
③ 30%   ④ 50%

02 교통안전관리의 단계에서 교통안전관리자가 경영진에 대해 효과적인 안전관리방안을 적시해야 하는 단계로 볼 수 있는 것은?

① 수립단계   ② 계획단계
③ 설득단계   ④ 실행단계

03 고령 운전자의 특성으로 옳지 않은 것은?

① 야간 주행능력이 떨어진다.
② 시청각 감각이 감소되어 교통사고 위험빈도 노출이 높다.
③ 운전에 대한 경험과 지식이 풍부하므로 교통사고에 대한 운전 민첩성이 높다.
④ 교통사고 요소에 대한 반응속도가 떨어진다.

04 동기이론 중 매슬로우(A. H. Maslow)의 욕구위계 5단계를 하위욕구부터 상위욕구까지 바르게 나열한 것은?

① 생리적 욕구 – 안전욕구 – 사회적 욕구 – 존경 욕구 – 자아실현 욕구
② 생리적 욕구 – 사회적 욕구 – 안전욕구 – 존경 욕구 – 자아실현 욕구

③ 생리적 욕구 – 안전욕구 – 사회적 욕구 – 자아실현 욕구 – 존경욕구

④ 생리적 욕구 – 사회적 욕구 – 안전욕구 – 자아실현 욕구 – 존경욕구

05 다음 중 국가 간의 교통안전도를 평가하기 위한 자료로서 적절하지 못한 것은?

① 교통수단 전손율

② 인구 10만명 당 교통사고 사망자 수

③ 사고 1만건 당 교통사고 사망자 수

④ 주행거리 1억 킬로미터 당 교통사고 사망자 수

06 어린이의 교통특징에 대한 설명이다. 맞는 것은?

① 호기심이 많다.

② 판단력이 정확하다.

③ 사고방식이 복잡하다.

④ 행동을 모방하려 하지 않는다.

07 교통사고에 관한 교수학습단계는 3가지로 구성되고 있다. 이 분석단계에 실시하는 것이 아닌 것은?

① 시청각 매체 및 보조자료 개발

② 학습목표의 설정

③ 학습자의 분석

④ 교수학습자료 분석

08 "운전환경과 운전조건이 개선되어 운전자가 안심하고 운전할 수 있도록 해야 한다." 는 것을 의미하는 것은?

① 운전자의 관리자에 대한 신뢰의 원칙

② 무리한 행동배제의 원칙

③ 안전한 환경조성의 원칙

④ 사고요인의 등치성 원칙

09 다음 중 정보처리방법의 하나인 IPDE의 설명으로 올바르지 못한 것은?

① 확인(Identify) : 주변의 모든 것을 빠르게 한눈에 파악하는 것을 말한다.

② 예측(Predict) : 운전 중에 확인한 정보를 취합하여 사고가 발생할 수 있는 지점을 판단하는 것을 말한다.

③ 결정(Decision) : 잠재적 사고 가능성이 예측되더라도 그대로 진행해야 한다.

④ 실행(Execute) : 요구되는 시간 안에 필요한 조작을 가능한 부드럽고 신속하게 해내는 것이다.

10 시각적 특성에 대한 설명으로 옳지 않은 것은?

① 고속으로 운전할수록 주시점은 멀어진다.

② 시야의 범위는 속도와 반비례한다.

③ 한쪽 눈의 시야각은 좌우 각각 160°이다.

④ 암순응에 적응하는 시간은 명순응보다 빠르다.

11 운수회사의 교통안전관리에 대한 설명으로 옳지 않은 것은?

① 교통안전관리는 과학적이고 체계적으로 필요하다.

② 경영수지개선과 교통안전관리는 아무런 영향이 없다.

③ 교통안전에 대한 투자는 회사의 발전에 필요하다.

④ 교통안전관리는 상호 연계성과 통합성이 있다.

12 다음 중 교통안전시설로 옳지 않은 것은?

① 공항

② 어항시설

③ 어업무선국

④ 철도

13 조직체계 방식 중 직무의 표준화를 의미하는 것은?

① 공식화의 원칙

② 권한과 책임의 원칙

③ 명령통일 원칙

④ 전문화의 원칙

14 운전자들을 대상으로 교통안전교육을 실시하려고 한다. 이 교육계획의 계획목표설정으로 포함하는 내용이 아닌 것은?

① 상황

② 교재

③ 조건

④ 행동

15 권한은 특정업무를 수행할 때 사용되며 책임의 집합을 의미한다. 이 권한을 위임하는 이유로 옳지 않은 것은?

① 하급자의 능률 향상에 이바지될 수 있다.

② 업무 처리 능력이 효율적으로 향상된다.

③ 변화에 따른 환경에 대응하여 최고 상급자의 지배권을 강화할 수 있다.

④ 상급자 교유 업무에 전력을 다할 수가 있다.

16 사고비용 책정방식 중 시몬즈(Simonds)의 방식으로 옳지 않은 것은?

① 휴업재해

② 치료재해

③ 응급처치재해

④ 노후재해

17 갈등관계에 있는 두 집단의 대면적 화합을 통해서 갈등을 줄이고자 하는 집단갈등 해소방법은?

① 상위의 공동목표 설정

② 문제해결법

③ 외부인사의 초빙

④ 전제적 명령

18 경영활동을 기술적, 상업적, 재무적, 보전적, 회계적, 관리적 활동 등 여섯 가지로 구분하며, 관리는 관리적 활동을 의미하는데, 이는 계획하고, 조직하며, 명령하고 조정하며, 통제하는 것 이라고 하였다. 이것이 오늘날 관리원칙의 골자를 이루는 관리 5요소를 고안한 인물로 옳은 것은?

① Roethlisberger

② Mayo

③ Fayol

④ Taylor

19 교통시설의 변화나 버스노선의 비합리성으로 인해 발생하는 교통사고의 요인으로 옳은 것은?

① 도로시설 요인

② 차량요인

③ 환경요인

④ 인적요인

20 인적평가와 관련 발생가능한 오류에 대한 설명으로 틀린 것은?

① 상관적 편견 : 평가자가 관련성이 없는 평가항목들 간에 높은 상관성을 인지하거나 또는 이들을 구분할 수 없어서 유사 · 동일하게 인지할 때 발생
② 후광효과 : 피고과자를 실제보다 과대 혹은 과소평가하는 것으로서 집단의 평가 결과가 한쪽으로 치우치는 경향
③ 상동적 오류 : 타인에 대한 평가가 그가 속한 사회적 집단에 대한 지각을 기초로 해서 이루어지는 것
④ 투사 : 자기 자신의 특성이나 관점을 다른 사람에게 전가시키는 것

21 다음 중 집합교육의 유형에 해당하지 않는 것은?

① 강의
② 토론
③ 실습
④ 카운슬링

22 다음 중 안전관리조직에서 고려되어야 할 요소가 아닌 것은?

① 안전관리 목적 달성의 수단일 것
② 인간을 목적 달성의 수단으로 종합적으로 판단할 것
③ 안전관리조직을 목적 달성을 위한 수단의 요소로 인식할 것
④ 안전관리 목적 달성에 지장이 없는 한 단순할 것

23 교통안전진단의 단계 중 조사단계에 해당하는 것은?

① 교통안전관리체계구성
② 안전지시
③ 단계별 안전점검
④ 개선목표 달성을 위한 대책 강구

24 교통안전의 증진을 위한 3E에 해당하지 않는 것은?

① 공학(Engineering)
② 단속(Enforcement)
③ 협력(Effort)
④ 교육(Education)

25 건조한 노면의 경우 마찰계수는 다음 중 어느 것에 해당되는가?

① 0.75~1.00
② 0.1~0.4
③ 0.05~0.10
④ 0.8~0.9

정답

01	③	02	③	03	③	04	①	05	①
06	①	07	①	08	③	09	③	10	④
11	②	12	③	13	①	14	②	15	③
16	④	17	②	18	③	19	③	20	②
21	④	22	②	23	①	24	③	25	④

02 제2회 모의고사

과목 교통법규

01 항공기 등록기호표 재질로 옳은 것은?

① 강철 등 내식금속
② 강철 등 내화금속
③ 알루미늄 합금
④ 티타늄 합금

02 항공기 등록기호표 부착 위치에 대한 설명으로 옳은 것은?

① 항공기에 출입구가 있는 경우 : 항공기 주(主) 출입구 윗부분의 바깥쪽
② 항공기에 출입구가 있는 경우 : 항공기 주(主) 출입구 아랫부분의 안쪽
③ 항공기에 출입구가 있는 경우 : 항공기 주(主) 출입구 윗부분의 안쪽
④ 항공기에 출입구가 있는 경우 : 항공기 주(主) 출입구 아랫부분의 바깥쪽

03 항공기 말소등록을 하지 않아도 되는 경우로 옳은 것은?

① 항공기를 정비등의 목적으로 해체한 경우
② 항공기의 존재 여부를 1개월 이상 확인할 수 없는 경우
③ 항공기가 멸실된 경우
④ 임차기간이 만료 등으로 항공기를 사용할 수 있는 권리가 상실된 경우

04 항공기 변경등록을 신청해야 하는 경우로 옳지 않은 것은?

① 항공기의 소유자 · 임차인 또는 임대인의 성명 또는 명칭이 변경되었을 때
② 항공기의 정치장이 변경되었을 때
③ 소유자 · 임차인 또는 임대인의 주소 및 국적이 변경되었을 때
④ 항공기 임차기간의 만료 등으로 항공기가 해체되었을 때

05 다음 중 항공영어구술능력증명(EPTA)을 국토교통부장관에게 받아야 하는 항공종사자로 옳지 않은 것은?

① 두 나라 이상을 운항하는 항공기의 조종
② 두 나라 이상을 운항하는 항공기에 대한 관제
③ 두 나라 이상을 운항하는 항공기를 관리하는 운항관리사
④ 항공통신업무 중 두 나라 이상을 운항하는 항공기에 대한 무선통신

06 항공안전법에서 규정하는 주의공역이란?

① 항공교통의 안전을 위하여 항공기의 비행 순서 · 시기 및 방법 등에 관하여 제84조제1항에 따라 국토교통부장관 또는 항공교통업무증명을 받은 자의 지시를 받아야 할 필요가 있는 공역으로서 관제권 및 관제구를 포함하는 공역

② 관제공역 외의 공역으로서 항공기의 조종사에게 비행에 관한 조언 · 비행정보 등을 제공할 필요가 있는 공역

③ 항공교통의 안전을 위하여 항공기의 비행을 금지하거나 제한할 필요가 있는 공역

④ 항공기의 조종사가 비행 시 특별한 주의 · 경계 · 식별 등이 필요한 공역

07 장착 좌석수가 280석인 여객운송에 사용되는 비행기에 탑승시켜야 할 객실승무원의 수는?

① 4명
② 5명
③ 6명
④ 7명

08 다음 중 신고를 필요로 하지 않는 초경량비행장치 범위로 옳지 않은 것은?

① 낙하산류
② 계류식(繫留式)기구
③ 자체중량이 70킬로그램을 초과하는 활공기
④ 연료의 중량을 제외한 자체중량이 150킬로그램 이하인 무인동력비행장치

09 다음 중 항공종사자가 주정성분이 있는 음료의 섭취하고 정상적으로 업무를 수행할 수 없는 혈중알코올농도의 기준으로 옳은 것은?

① 0.01%
② 0.02%
③ 0.03%
④ 0.04%

10 무인항공기의 항공기사고 기준으로 옳은 것은?

① 사람이 비행을 목적으로 항공기에 탑승하였을 때부터 탑승한 모든 사람이 항공기에서 내릴 때까지를 말한다.

② 비행을 목적으로 움직이는 순간부터 비행이 종료되어 발동기가 정지되는 순간까지를 말한다.

③ 항공기 시동을 걸고 착륙할 비행장까지 착륙하기 순간까지를 말한다.

④ 항공기가 이륙하고 착륙하기 순간까지를 말한다.

11 비행기와 활공기에 표시하는 등록부호의 높이에 대한 설명으로 옳은 것은?

① 주 날개에 표시하는 경우에는 50센티미터 이상, 수직 꼬리 날개 또는 동체에 표시하는 경우에는 30센티미터 이상

② 동체 아랫면에 표시하는 경우에는 50센티미터 이상, 동체 옆면에 표시하는 경우에는 30센티미터 이상

③ 선체에 표시하는 경우에는 50센티미터 이상, 수평안정판과 수직안정판에 표시하는 경우에는 15센티미터 이상

④ 주 날개에 표시하는 경우에는 30센티미터 이상, 수직 꼬리 날개 또는 동체에 표시하는 경우에는 50센티미터 이상

12 다음 중 항공운송사업자가 수립하는 자체 보안계획에 포함되는 사항으로 옳지 않은 것은?

① 기내 보안장비 운용절차
② 항공기에 대한 경비대책
③ 비행 전 · 후 항공기에 대한 보안점검
④ 승객 · 휴대물품 및 위탁수하물에 대한 보안검색

13 관제탑과 항공기와의 무선통신이 두절된 경우 관제탑에서 비행 중인 항공기를 착륙하여 계류장으로 가라는 의미의 빛총신호로 옳은 것은?

① 연속되는 녹색
② 깜빡이는 흰색
③ 깜빡이는 붉은색
④ 연속되는 붉은색

14 다음 중 항공업무에 포함되지 않는 것은?

① 항공기 조종연습 및 항공교통관제연습
② 무선설비의 조작을 포함한 항공기의 운항
③ 항공교통관제 업무
④ 정비등을 수행한 항공기의 감항성을 확인하는 업무

15 다음 중 항공안전법에 따른 항공기준사고 범위로 옳지 않은 것은?

① 항공기가 활주로 종단을 초과(Overrunning)한 경우
② 항공기가 활주로 옆으로 이탈한 경우
③ 항공기가 이륙 또는 초기 상승 중 규정된 성능에 도달하지 못한 경우

④ 항공기가 지상에서 운항 중 차량(장비)과 충돌한 경우

16 항공기가 활공기를 예항하는 경우 예항줄의 길이로 옳은 것은?

① 20미터 이상 60미터 이하
② 40미터 이상 80미터 이하
③ 50미터 이상 100미터 이하
④ 60미터 이상 90미터 이하

17 시계비행방식으로 비행하는 항공기에 갖추어야 할 계기로 옳지 않은 것은?

① 기압고도계
② 속도계
③ 승강계
④ 시계

18 다음 중 항공기 탑승을 거절하는 사유로 옳지 않은 것은?

① 음주로 인하여 소란행위를 하거나 할 우려가 있는 사람
② 승객 및 승무원 등에게 위해를 가할 우려가 있는 사람
③ 기장 등의 정당한 직무상 지시를 따르지 아니한 사람
④ 통념상 받아들이기 어려운 복장을 착용한 사람

19 항공기가 비행장 안의 이동지역에서 이동할 때 따라야 하는 기준이 아닌 것은?

① 교차하거나 이와 유사하게 접근하는 항공기 상호간에는 다른 항공기를 좌측으로 보는 항공기가 진로를 양보할 것

② 앞지르기하는 항공기는 다른 항공기의 통행에 지장을 주지 않도록 충분한 분리 간격을 유지할 것

③ 기동지역에서 지상이동하는 항공기는 정지선등(Stop Bar Lights)이 꺼져 있는 경우에 이동할 것

④ 기동지역에서 지상이동하는 항공기는 관제탑의 지시가 없는 경우에는 활주로진입전대기지점(Runway Holding Position)에서 정지 및 대기할 것

20 다음 중 비행기의 경우 "승무시간"에 대한 설명으로 옳은 것은?

① 주회전익이 회전하기 시작하기 시작한 때부터 주회전익이 정지된 때까지의 총 시간을 말한다.

② 운항승무원이 항공기 운영자의 요구에 따라 근무보고를 하거나 근무를 시작한 때부터 모든 근무가 끝난 때까지의 시간을 말한다.

③ 이륙을 목적으로 비행기가 최초로 움직이기 시작한 때부터 비행이 종료되어 최종적으로 비행기가 정지한 때까지의 총 시간을 말한다.

④ 운항승무원이 1개 구간 또는 연속되는 2개 구간 이상의 비행이 포함된 근무의 시작을 보고한 때부터 마지막 비행이 종료되어 최종적으로 항공기의 발동기가 정지된 때까지의 총 시간을 말한다.

21 국토교통부령으로 정하는 곡예비행 금지구역은 지표로부터 몇 미터 미만의 고도인가?

① 100
② 250
③ 300
④ 450

22 항공기에 무기를 가지고 들어가려는 사람은 탑승 전에 이를 해당 항공기의 기장에게 보관하게 하고 목적지에 도착한 후 반환받아야 한다. 다만, 예외인 경우로 옳은 것은?

① 대통령
② 항공기 기장
③ 항공기내보안요원
④ 항공기 객실승무원

23 비행계획을 제출하여야 하는 자 중 두 나라 이상을 운항하는 자는 출항하는 경우 항공기 입출항신고서를 지방항공청장에게 언제까지 제출해야 하는가?

① 출항 준비가 끝나기 전
② 출항 준비가 끝나는 즉시
③ 국내 목적공항 도착 예정 시간 2시간 전까지
④ 출발국에서 출항 후 20분 이내

24 다음 중 보수를 받지 않고 운항하는 항공기를 무상으로 조종하는 항공종사자는?

① 사업용 조종사
② 자가용 조종사
③ 운송용 조종사
④ 경량항공기 조종사

25 항공보안법에 따른 공항시설 보호구역의 지정에 대한 설명으로 옳은 것은?

① 공항운영자는 공항시설과 항행안전시설에 대하여 보안에 필요한 조치를 하여야 한다.

② 공항운영자는 보안검색이 완료된 승객과 완료되지 못한 승객 간의 접촉을 방지하기 위한 대책을 수립·시행하여야 한다.

③ 공항운영자는 보안검색이 완료된 구역, 활주로, 계류장(繫留場) 등 공항시설의 보호를 위하여 필요한 구역을 국토교통부장관의 승인을 받아 보호구역으로 지정하여야 한다.

④ 공항운영자는 보안검색을 거부하거나 무기·폭발물 또는 그 밖에 항공보안에 위협이 되는 물건을 휴대한 승객 등이 보안검색이 완료된 구역으로 진입하는 것을 방지하기 위한 대책을 수립·시행하여야 한다.

26 다음 중 교통안전진단기관에 등록할 수 없는 결격사유로 옳지 않은 것은?

① 피성년후견인 또는 피한정후견인

② 파산선고를 받고 복권되지 아니한 자

③ 교통안전법을 위반하여 징역형의 집행유예를 선고받고 그 유예기간 중에 있는 자

④ 교통안전법을 위반하여 징역형의 실형을 선고받고 그 집행이 종료(집행이 종료된 것으로 보는 경우를 포함한다)되거나 집행이 면제된 날부터 1년이 지나지 아니한 자

27 교통사고와 관련된 자료·통계 또는 정보(이하 "교통사고관련자료등"이라 한다)를 보관·관리하는 자는 교통사고가 발생한 날부터 얼마나 이를 보관·관리할 수가 있는가?

① 1년 　　　　　② 3년

③ 5년 　　　　　④ 10년

28 다음 중 교통안전법상 교통수단안전점검 대상으로 옳지 않은 것은?

① 여객자동차 　　② 철도차량

③ 항공기 　　　　④ 선박

29 교통안전도 평가지수에서 교통사고 발생건수의 가중치로 옳은 것은?

① 0.3 　　　　　② 0.4

③ 0.6 　　　　　④ 0.7

30 교통안전법에 따라 교통수단이라 함은 사람이 이동하거나 화물을 운송하는데 이용되는 것으로서 해당하는 운송수단으로 옳지 않은 것은?

① 「도로교통법」에 의한 차마 또는 노면전차, 「철도산업발전 기본법」에 의한 철도차량(도시철도를 포함한다)

② 「궤도운송법」에 따른 궤도에 의하여 교통용으로 사용되는 용구 등 육상교통용으로 사용되는 모든 운송수단(이하 "차량"이라 한다)

③ 「선박안전법」에 의한 선박 등 수상 또는 수중의 항행에 사용되는 모든 운송수단(이하 "선박"이라 한다)

④ 「항공안전법」에 의한 항공기 등 항공교통에 사용되는 모든 운송수단(이하 "항공기"라 한다)

31 다음 중 교통안전관리자 자격의 종류로 옳지 않은 것은?

① 도로교통안전관리자
② 철도교통안전관리자
③ 항만교통안전관리자
④ 공항교통안전관리자

32 다음 중 교통안전담당자의 직무로 옳지 않은 것은?

① 교통사고 원인 조사 · 분석 및 기록 유지
② 운행기록장치 및 차로이탈경고장치 등의 점검 및 관리
③ 교통수단의 운행 · 운항 또는 항행 또는 교통시설의 운영 · 관리와 관련된 안전점검의 지도 · 감독
④ 교통안전관리규정의 시행 및 그 기록의 보관 · 관리

33 다음 중 교통안전법의 목적으로 옳지 않은 것은?

① 교통안전 증진에 이바지함을 목적으로 한다.
② 육상교통 · 해상교통 · 항공교통 등 부문별 교통사고의 발생현황과 원인의 분석을 한다.
③ 교통안전에 관한 국가 또는 지방자치단체의 의무 · 추진체계 및 시책 등을 규정한다.
④ 교통안전에 관한 국가 또는 지방자치단체의 의무 · 추진체계 및 시책 등을 종합적 · 계획적으로 추진한다.

34 국토교통부장관은 부정한 방법으로 제53조 제2항에 따른 시험에 응시한 사람 또는 시험에서 부정행위를 한 사람에 대하여는 그 시험을 정지시키거나 무효로 한다. 시험이 정지되거나 무효로 된 사람은 그 처분이 있은 날부터 얼마나 시험에 응시할 수 없는가?

① 1년   ② 2년
③ 3년   ④ 4년

35 다음 중 "국토교통부령으로 정하는 구역" 인 곡예비행 금지구역으로 옳지 않은 것은?

① 관제권 및 관제구
② 사람 또는 건축물이 밀집한 지역의 상공
③ 지표로부터 1,500피트 미만의 고도
④ 해당 항공기를 중심으로 반지름 500미터 범위 안의 지역에 있는 가장 높은 장애물의 상단으로부터 1,500미터 이하의 고도

36 다음 중 교통행정기관의 제출 요청이 없더라도 주기적으로 운행기록을 제출해야 하는 업종에 해당하는 것은?

① 개인택시   ② 일반화물차
③ 시외버스   ④ 전세버스

37 다음 중 반드시 청문을 실시해야 하는 경우로 옳은 것은?

① 교통안전관리자 자격 발급
② 교통안전진단기관 등록 연장
③ 교통안전관리자 자격의 취소
④ 교통안전관리자 자격 평가 검토

38 다음 중 국토교통부장관은 국가의 전반적인 교통안전수준의 향상을 도모하기 위하여 교통안전에 관한 기본계획(이하 "국가교통안전기본계획"이라 한다)의 수립 주기로 옳은 것은?

① 1년 ② 3년
③ 5년 ④ 7년

39 120석을 장착한 항공기에 필요한 손확성기 수로 옳은 것은?

① 1개 ② 2개
③ 3개 ④ 4개

40 다음 중 회항시간 연장운항의 승인을 받아야 하는 항공기로 옳지 않은 것은?

① 1개의 발동기를 가진 비행기
② 2개의 발동기를 가진 비행기
③ 3개 이상의 발동기를 가진 비행기의 모든 발동기가 작동할 때의 순항속도
④ 2개의 발동기를 가진 비행기가 1개의 발동기가 작동하지 아니할 때의 순항속도

41 다음 중 항공안전 의무보고 대상자로 옳지 않은 것은?

① 항공기 기장(항공기 기장이 보고 할 수 없는 경우에는 그 항공기의 소유자등을 말한다)
② 항공정비사(항공정비사가 보고할 수 없는 경우에는 그 항공정비사가 소속된 기관·법인 등의 대표자를 말한다)
③ 항공교통관제사(항공교통관제사가 보고할 수 없는 경우 그 관제사가 소속된 항공교통관제기

구를 말한다)
④ 항행안전시설을 설치·관리하는 자

42 항공기 등록에 관한 설명으로 옳지 않은 것은?

① 외국의 법인 또는 단체에서 소유하거나 임차한 항공기는 등록이 제한된다.
② 항공기에 대한 임차권(賃借權)은 등록하여야 제3자에 대하여 그 효력이 생긴다.
③ 외국정부 또는 외국의 공공단체에서 소유하거나 임차한 항공기는 등록이 제한된다.
④ 국토교통부장관은 소유자가 항공기를 등록하였을 때에는 등록한 자에게 국토교통부령으로 정하는 바에 따라 항공기 등록증명서를 발급하여야 한다.

43 항공종사자의 자격증명 한정으로 옳은 것은?

① 운송용 조종사 자격의 경우 : 항공기의 종류, 등급 또는 형식
② 항공기관사 자격의 경우 : 항공기, 경량항공기, 초경량항공기의 종류 및 정비분야
③ 항공정비사 자격의 경우 : 항공기, 경량항공기 종류, 등급 또는 형식
④ 부조종사 자격의 경우 : 항공기, 경량항공기, 초경량항공기의 종류, 등급 또는 형식

44 감항분류 A 항공기의 하중배수 값은 얼마인가?

① 1G ② 2G
③ 4G ④ 6G

45 60세 이상의 자가용 조종사의 항공신체검사 증명의 유효기간으로 옳은 것은?

① 6개월　　　　② 12개월
③ 24개월　　　　④ 48개월

46 공항시설의 보호를 위하여 필요한 구역을 누구에게 승인받아 보호구역으로 지정하는가?

① 공항운영자
② 국토교통부장관
③ 지방항공청장
④ 대통령

47 응급구호 및 환자 이송을 하는 헬리콥터 운항 승무원의 최대 승무시간이 연속 24시간일 때 옳은 것은?

① 8시간
② 500시간
③ 800시간
④ 1,400시간

48 항공기 등록부호에 사용하는 각 문자와 숫자의 크기에 대한 설명 중 옳지 않은 것은?

① 폭은 문자 및 숫자의 높이의 3분의 1로 한다.
② 선의 굵기는 문자 및 숫자의 높이의 6분의 1로 한다.
③ 간격은 문자 및 숫자의 폭의 4분의 1 이상 2분의 1 이하로 한다.
④ 폭과 붙임표의 길이는 문자 및 숫자의 높이의 3분의 2로 한다.

49 다음 중 국토교통부령으로 정하는 긴급한 업무로 옳지 않은 것은?

① 화재의 진화
② 재난·재해 등으로 인한 수색·구조
③ 응급환자를 위한 장기(臟器) 이송
④ 불법 어선 등을 추적하는 경찰업무

50 "국가기관등항공기"란 국가, 지방자치단체, 그 밖에 「공공기관의 운영에 관한 법률」에 따른 공공기관으로서 대통령령으로 정하는 공공기관(이하 "국가기관등"이라 한다)이 소유하거나 임차(賃借)한 항공기라고 한다. 다음 중 옳지 않은 것은?

① 도서지역으로 식량수송
② 산불의 진화 및 예방
③ 응급환자의 후송 등 구조·구급활동
④ 재난·재해 등으로 인한 수색(搜索)·구조

정답

01	②	02	③	03	①	04	④	05	③
06	④	07	③	08	③	09	②	10	②
11	①	12	④	13	②	14	①	15	④
16	②	17	③	18	④	19	①	20	③
21	④	22	③	23	②	24	②	25	③
26	④	27	③	28	④	29	②	30	③
31	④	32	④	33	②	34	②	35	④
36	③	37	③	38	③	39	②	40	①
41	③	42	④	43	①	44	④	45	②
46	②	47	①	48	①	49	④	50	①

과 목   교통안전관리론

01 교통사고 예방을 위해 위험요소 제거 6단계 순서로 옳은 것은?

① 조직의 구성 – 원인분석 – 위험요소의 탐지 – 개선대안의 제시 – 환류(Feed Back) – 대안의 채택 및 시행

② 조직의 구성 – 위험요소의 탐지 – 원인분석 – 개선대안의 제시 – 대안의 채택 및 시행 – 환류(Feed Back)

③ 위험요소의 탐지 – 원인분석 – 조직의 구성 – 환류(Feed Back) – 개선대안의 제시 – 대안의 채택 및 시행

④ 위험요소의 탐지 – 대안의 채택 및 시행 – 조직의 구성 – 개선대안의 제시 – 원인분석 – 환류(Feed Back)

02 다음 중 암순응을 가장 잘 설명한 것으로 옳은 것은?

① 어두운 곳에서 밝은 곳으로 들어가면 조금 있다 눈이 익숙해지는 현상

② 눈부심으로 인하여 순간적으로 시력을 잃어버리는 현상

③ 밝은 곳에서 어두운 곳으로 들어가면 조금 있다 눈이 익숙해지는 현상

④ 눈이 순간적으로 피로한 현상

03 운전자의 한쪽 눈 시야각도로 옳은 것은?

① 좌우 각각 140도(눈 있는 쪽 90, 반대쪽 50)

② 좌우 각각 170도(눈 있는 쪽 120, 반대쪽 50)

③ 좌우 각각 150도(눈 있는 쪽 100, 반대쪽 50)

④ 좌우 각각 160도(눈 있는 쪽 100, 반대쪽 60)

04 교통사고 발생에 영향을 미치는 각 요인은 사고발생에 대하여 같은 비중을 지닌다는 원리로 옳은 것은?

① 배치성 원리
② 차등성 원리
③ 등치성 원리
④ 동인성 원리

05 고령 운전자의 특성으로 옳지 않은 것은?

① 야간 주행능력이 떨어진다.

② 시청각 감각이 감소되어 교통사고 위험빈도 노출이 높다.

③ 운전에 대한 경험과 지식이 풍부하므로 운전에 대한 민첩성이 높다.

④ 교통사고 요소에 대한 반응속도가 떨어진다.

06 음주운전 교통사고의 특징으로 옳지 않은 것은?

① 주차 중인 자동차와 같은 정지 물체 등에 충돌한다.

② 야간보다 주간에 많은 교통사고를 유발한다.

③ 차량단독사고의 가능성이 높다.

④ 치사율이 높다.

07 사고의 여러 요인들 중에서 하나만이라도 발생하지 않으면 사고가 발생하지 않는다는 원리로 옳은 것은?

① 사고원인 집중성 원리

② 사고원인 단일성 원리

③ 사고원인 분리성 원리

④ 사고원인 등치성 원리

08 하인리히의 재해 발생비율을 중대한 사고 : 경미한 사고 : 재해를 수반하지 않는 사고의 비율 순서로 옳은 것은?

① 1 : 29 : 300　　② 1 : 39 : 400

③ 1 : 49 : 500　　④ 1 : 59 : 600

09 동기이론 중 매슬로우(A. H. Maslow)의 욕구위계 5단계를 하위욕구부터 상위욕구까지 바르게 나열한 것은?

① 생리적 욕구 – 안전욕구 – 사회적 욕구 – 존경욕구 – 자아실현 욕구

② 생리적 욕구 – 사회적 욕구 – 안전욕구 – 존경욕구 – 자아실현 욕구

③ 생리적 욕구 – 안전욕구 – 사회적 욕구 – 자아실현 욕구 – 존경욕구

④ 생리적 욕구 – 사회적 욕구 – 안전욕구 – 자아실현 욕구 – 존경욕구

10 중간관리자의 주요한 역할로 보기 어려운 것은?

① 전문가로서의 역할

② 현장 최일선의 지도자

③ 소관부분의 종합조정자

④ 상하간 및 부분상호간의 커뮤니케이션

11 여러 사람이 모여 자유로운 발상으로 아이디어를 내는 아이디어 창조기법에 해당하는 것은?

① 브레인스토밍(Brain Stroming) 방법

② 시그니피컨트(Significant) 방법

③ 노모그램(Nomogram) 방법

④ 바이오닉스(Bionics) 방법

12 다음 중 사고다발자의 일반적인 특성으로 볼 수 없는 것은?

① 충동을 제어하지 못하여 조기 반응을 나타낸다.

② 자극에 민감한 경향을 보이고 흥분을 잘한다.

③ 호탕하고 개방적이어서 인간관계에 있어서 협조적 태도를 보인다.

④ 정서적으로는 충동적이다.

13 다음 중 교통안전의 목적으로 틀린 것은?

① 인명존중

② 사회복지 증진

③ 경제성

④ 수송효율 극대화

14 효율적인 상담기법이 아닌 것은?

① 상담자는 편견이나 선입관으로부터 탈피되어야 한다.

② 내담자의 말을 경청하고 세밀히 관찰하여야 한다.

③ 내담자의 발언을 자주 가로막고 성급한 결론을 이끌어서는 안 된다.

④ 내담자가 상담자에게 공격성을 나타내면 무시하고 상담의 주제를 바꾼다.

15 다음 중 한 가지 일에만 집중하는 것이 아니라 여러 가지 행동을 같이하는 경우로서 그 결과 집중력이 흐려지는 현상을 의미하는 것으로 옳은 것은?

① 주의의 동요   ② 주의의 완화
③ 주의의 집중   ④ 주의의 분산

16 사고의 기본원인을 제공하는 4M에 대한 사고방지대책으로 잘못 설명한 것은?

① 인간(Man) : 능동적인 의욕, 위험예지, 리더십, 의사소통 등
② 기계(Machine) : 안전설계, 위험방호, 표시장치 등
③ 매개체(Media) : 작업정보, 작업환경, 건강관리 등
④ 관리(Management) : 관리조직, 평가 및 훈련, 직장활동 등

17 어떤 한 분야에 있어서의 어떤 사람에 대한 호의적 또는 비호의적인 인상이 다른 분야에 있어서의 그 사람에 대한 평가에 영향을 주는 경향으로 옳은 것은?

① 스테레오타입   ② 최근효과
③ 자존적 편견   ④ 후광효과

18 젖어 있는 아스팔트에서 타이어와 노면과의 마찰계수(μ)는 다음 중 어느 것에 해당되는가?

① 0.75~1.00
② 0.1~0.4
③ 0.05~0.10
④ 0.5~0.7

19 다음 중 직접적 손실비용에 포함되지 않는 것은?

① 심리적 치료비
② 간호비
③ 차량손실에 따른 복구비용
④ 임금 및 노동력 감소

20 운전자가 정보를 수집하고 행동을 결정하여 실행 후 확인과정을 의미하는 것은?

① 행동반응   ② 인지반응
③ 상황반응   ④ 교통반응

21 인간의 행동을 유제하는 외적 환경요인이 아닌 것은?

① 자연 조건   ② 심리적 조건
③ 물리적 조건   ④ 시간적 조건

22 다음 중 현장안전회의(Tool Box Meeting)의 진행 단계로 옳은 것은?

① 도입→운행지시→점검정비→위험예지→확인
② 위험예지→도입→운행지시→점검정비→확인
③ 도입→점검정비→운행지시→위험예지→확인
④ 위험예지→확인→도입→점검정비→운행지시

23 제동거리란 차량이 실제 브레이크 압력에 의해 제동되어 정지할 때까지 진행한 거리를 말한다. 정지거리에 대한 설명으로 옳은 것은?

① 공주거리 − 제동거리

② 제동거리 - 공주거리

③ 공주거리 + 제동거리

④ 반응거리 + 공주거리

24 타인과의 관계에서 자신의 잠재력, 운명, 위치 등을 파악하는 기준이 되는 집단을 무엇이라 하는가?

① 이익집단   ② 우호집단

③ 준거집단   ④ 소속집단

25 다음 중 집합교육의 유형에 해당하지 않는 것은?

① 강의   ② 토론

③ 실습   ④ 카운슬링

정답

01	②	02	③	03	④	04	③	05	③
06	②	07	④	08	①	09	①	10	②
11	①	12	③	13	④	14	④	15	④
16	③	17	④	18	④	19	①	20	④
21	②	22	③	23	③	24	③	25	④

과 목 교통법규

01 비행계획을 제출하여야 하는 자 중 두 나라 이상을 운항하는 자는 출항하는 경우 항공기 입출항 신고서를 지방항공청장에게 언제까지 제출해야 하는가?

① 출항 준비가 끝나기 전
② 출항 준비가 끝나는 즉시
③ 국내 목적공항 도착 예정 시간 2시간 전까지
④ 출발국에서 출항 후 20분 이내

02 무인항공기의 항공기사고 기준으로 옳은 것은?

① 사람이 비행을 목적으로 항공기에 탑승하였을 때부터 탑승한 모든 사람이 항공기에서 내릴 때까지를 말한다.
② 비행을 목적으로 움직이는 순간부터 비행이 종료되어 발동기가 정지되는 순간까지를 말한다.
③ 항공기 시동을 걸고 착륙할 비행장까지 착륙하기 순간까지를 말한다.
④ 항공기가 이륙하고 착륙하기 순간까지를 말한다.

03 다음 중 등록을 필요로 하지 않는 항공기의 범위로 옳은 것은?

① 항공기 제작자나 항공기 관련 연구기관이 연구·개발 중인 항공기

② 응급환자의 후송 등 구조·구급활동에 사용하는 항공기
③ 산불의 진화 및 예방에 사용하는 항공기
④ 재난·재해 등으로 인한 수색(搜索)·구조에 사용하는 항공기

04 항공기 등록의 제한되는 사항으로 옳은 것은?

① 대한민국 국민
② 외국의 법인 또는 단체
③ 대한민국 국적을 가진 항공기
④ 대한민국정부 또는 대한민국의 공공단체

05 항공기 등록기호표 재질로 옳은 것은?

① 강철 등 내식금속
② 강철 등 내화금속
③ 알루미늄 합금
④ 티타늄 합금

06 다음 중 항공안전법에 따른 항공기준사고 범위로 옳지 않은 것은?

① 항공기가 이륙 또는 초기 상승 중 규정된 성능에 도달하지 못한 경우
② 항공기가 정상적인 비행 중 지표, 수면 또는 그 밖의 장애물과의 충돌(Controlled Flight into Terrain)을 가까스로 회피한 경우

③ 항공기, 차량, 사람 등이 허가 없이 또는 잘못된 허가로 항공기 이륙·착륙을 위해 지정된 보호구역에 진입하여 다른 항공기와의 충돌을 가까스로 회피한 경우

④ 항공기의 손상·파손 또는 구조상의 결함으로 항공기 구조물의 강도, 항공기의 성능 또는 비행 특성에 악영향을 미쳐 대수리 또는 해당 구성품(Component)의 교체가 요구되는 경우

07 다음 중 교통안전법에 따른 지정행정기관으로 옳지 않은 것은?

① 행정안전부
② 경찰서
③ 국토교통부
④ 법무부

08 교통안전법상 교통체계의 정의 중 다음의 괄호 안에 들어갈 용어로 옳은 것은?

> "교통체계"라 함은 사람 또는 화물의 이동·운송과 관련된 활동을 수행하기 위하여 개별적으로 또는 서로 유기적으로 연계되어 있는 교통수단 및 교통시설의 ( ) 또는 이와 관련된 산업 및 제도 등을 말한다.

① 이용·보존·운영체계
② 보존·이동·운영체계
③ 이용·관리·운영체계
④ 이용·관리·활동체계

09 항공기 등록기호표 부착 위치에 대한 설명으로 옳은 것은?

① 항공기에 출입구가 있는 경우 : 항공기 주(主) 출입구 윗부분의 바깥쪽

② 항공기에 출입구가 있는 경우 : 항공기 주(主) 출입구 아랫부분의 안쪽

③ 항공기에 출입구가 있는 경우 : 항공기 주(主) 출입구 윗부분의 안쪽

④ 항공기에 출입구가 있는 경우 : 항공기 주(主) 출입구 아랫부분의 바깥쪽

10 다음 중 교통수단안전점검을 실시하는 이유에 대한 설명으로 옳지 않은 것은?

① 교통행정기관은 소관 교통수단에 대한 교통안전 실태를 파악하기 위하여 주기적으로 또는 수시로 교통수단안전점검을 실시할 수 있다.

② 교통행정기관은 교통수단안전점검을 실시한 결과 교통안전을 저해하는 요인이 발견된 경우 그 개선대책을 수립·시행하여야 하며, 교통시설 설치·관리자에게 개선사항을 권고할 수 있다.

③ 교통행정기관은 교통수단안전점검을 효율적으로 실시하기 위하여 관련 교통수단운영자로 하여금 필요한 보고를 하게 하거나 관련 자료를 제출하게 할 수 있으며, 필요한 경우 소속 공무원으로 하여금 교통수단운영자의 사업장 등에 출입하여 교통수단 또는 장부·서류나 그 밖의 물건을 검사하게 하거나 관계인에게 질문하게 할 수 있다.

④ 사업장을 출입하여 검사하려는 경우에는 출입·검사 7일 전까지 검사일시·검사이유 및 검사내용 등을 포함한 검사계획을 교통수단운영자에게 통지하여야 한다. 다만, 증거인멸 등으로 검사의 목적을 달성할 수 없다고 판단되는 경우에는 검사일에 검사계획을 통지할 수 있다.

11 교통안전체험연구 · 교육시설에서 교육하거나 체험할 수 있는 내용에 대해 옳지 않은 것은?

① 상황별 안전운전 실습
② 모의상황에 따른 임기응변 실험
③ 교통사고에 관한 모의실험
④ 비상상황에 대한 대처능력 향상을 위한 실습 및 교정

12 항공기 말소등록을 하지 않아도 되는 경우로 옳은 것은?

① 항공기를 정비등의 목적으로 해체한 경우
② 항공기의 존재 여부를 1개월 이상 확인할 수 없는 경우
③ 항공기가 멸실된 경우
④ 임차기간이 만료 등으로 항공기를 사용할 수 있는 권리가 상실된 경우

13 다음 중 교통안전관리자 자격증명서를 교부하는 사람으로 옳은 것은?

① 시 · 도지사
② 국토교통부장관
③ 교통행정기관의 장
④ 한국교통안전공단 이사장

14 다음 중 공역의 설정 및 관리에 필요한 사항을 심의하기 위하여 국토교통부장관 소속으로 설치하는 것은?

① 한국교통안전공단
② 한국항공안전기술원
③ 공역위원회
④ 공역협의위원회

15 다음 중 경량항공기 기준에 해당되지 않는 것은?

① 비행 중에 프로펠러의 각도를 조정할 수 없을 것
② 조종사 좌석을 포함한 탑승 좌석이 2개 이하일 것
③ 최대 실속속도 또는 최소 정상비행속도가 45노트 이하일 것
④ 최대이륙중량이 400킬로그램(수상비행에 사용하는 경우에는 450킬로그램) 이하일 것

16 다음 중 항공종사자가 주정성분이 있는 음료의 섭취하고 정상적으로 업무를 수행할 수 없는 혈중알코올농도의 기준으로 옳은 것은?

① 0.01% ② 0.02%
③ 0.03% ④ 0.04%

17 항공안전법에서 규정하는 통제공역이란?

① 항공교통의 안전을 위하여 항공기의 비행 순서 · 시기 및 방법 등에 관하여 제84조제1항에 따라 국토교통부장관 또는 항공교통업무증명을 받은 자의 지시를 받아야 할 필요가 있는 공역으로서 관제권 및 관제구를 포함하는 공역
② 관제공역 외의 공역으로서 항공기의 조종사에게 비행에 관한 조언 · 비행정보 등을 제공할 필요가 있는 공역
③ 항공교통의 안전을 위하여 항공기의 비행을 금지하거나 제한할 필요가 있는 공역
④ 항공기의 조종사가 비행 시 특별한 주의 · 경계 · 식별 등이 필요한 공역

18 긴급항공기에 적용되지 않는 비행 중 금지행위로 옳은 것은?

① 낙하산 강하

② 무인항공기의 비행

③ 국토교통부령으로 정하는 최저비행고도 아래에서의 비행

④ 국토교통부령으로 정하는 구역에서 뒤집어서 비행하거나 옆으로 세워서 비행하는 등의 곡예비행

19 항공보안법에서 정의하는 "운항중"이란?

① 비행을 목적으로 움직이는 순간부터 비행이 종료되어 발동기가 정지되는 순간까지를 말한다.

② 승객이 탑승한 후 항공기의 모든 문이 닫힌 때부터 내리기 위하여 문을 열 때까지를 말한다.

③ 사람이 비행을 목적으로 항공기에 탑승하였을 때부터 탑승한 모든 사람이 항공기에서 내릴 때까지를 말한다.

④ 이륙을 목적으로 비행기가 최초로 움직이기 시작한 때부터 비행이 종료되어 최종적으로 비행기가 정지할 때까지의 순간을 말한다.

20 항공기, 경량항공기 또는 초경량비행장치 안에 있던 사람이 항공기사고, 경량항공기사고 또는 초경량비행장치사고로 인한 생사가 분명하지 않은 행방불명 기간으로 옳은 것은?

① 1년   ② 2년

③ 3년   ④ 4년

21 관제탑과 항공기와의 무선통신이 두절된 경우 관제탑에서 비행 중인 항공기에 보내는 깜빡이는 백색신호의 빛총신호 의미는?

① 착륙하지 말 것

② 진로를 양보하고 계속 선회할 것

③ 착륙을 준비할 것

④ 착륙하여 계류장으로 갈 것

22 항공기 기장에게 반입한 무기를 보관하게 하고 목적지에 도착한 후 반환하지 않아도 되는 사람으로 옳은 것은?

① 경찰

② 경호원

③ 항공기내보안요원

④ 공항보안경비업체 직원

23 다음 중 국토교통부장관이 한국교통안전공단에 업무를 위탁할 수 있는 것으로 옳지 않은 것은?

① 규정에 따른 교통수단안전점검

② 규정에 따른 교통안전우수사업자의 지정 및 지정 취소

③ 규정에 따른 교통시설안전진단 실시결과의 평가와 평가에 필요한 관련 자료의 제출 요구

④ 규정에 따른 보고·자료제출 명령, 출입·검사 명령 등과 검사계획의 통지

24 항공기 내의 질서를 어지럽히거나 규율을 위반하는 행위를 하는 사람에 대한 기장등의 권한으로 옳지 않은 것은?

① 항공기 내에 있는 사람은 항공보안법에 따른 조치에 관하여 기장등의 요청이 있으면 협조하여야 한다.

② 기장으로부터 권한을 위임받은 승무원 또는 승객의 항공기 탑승 관련 업무를 지원하는 항공운송사업자 소속 직원 중 기장의 지원요청을 받은 사람이 규정에 따른 조치를 할 때에는 기장의 지휘를 받아야 한다.

③ 기장등은 위반행위를 한 사람을 체포한 경우에 항공기가 착륙하였을 때에는 체포된 사람이 그 상태로 계속 탑승하는 것에 동의하거나 체포된 사람을 항공기에서 내리게 할 수 없는 사유가 있는 경우를 제외하고는 체포한 상태로 이륙하여서는 아니 된다.

④ 기장이나 기장으로부터 권한을 위임받은 승무원(이하 "기장등"이라 한다) 또는 공항운영자의 보안경비업체는 기장의 지원요청을 받으면 위반행위를 하려는 사람에 대하여 그 행위를 저지하기 위한 필요한 조치를 할 수 있다.

25 다음 중 "국토교통부령으로 정하는 최저비행고도"에서 시계비행방식으로 비행하는 항공기에 해당되는 것은?

① 지표면·수면 또는 물건의 상단에서 150미터(500피트)의 고도

② 지표로부터 450미터(1,500피트) 미만의 고도

③ 산악지역에서는 항공기를 중심으로 반지름 8킬로미터 이내에 위치한 가장 높은 장애물로부터 300미터의 고도

④ 항공기를 중심으로 반지름 8킬로미터 이내에 위치한 가장 높은 장애물로부터 300미터의 고도

26 시계비행방식으로 비행하는 항공기는 기상상태에 관계없이 계기비행방식(IFR)에 따라 비행해야 하는 경우로 옳은 것은?

① 평균해면으로부터 1,400미터를 초과하는 고도로 비행하는 경우

② 평균해면으로부터 3,050미터를 초과하는 고도로 비행하는 경우

③ 평균해면으로부터 4,500미터를 초과하는 고도로 비행하는 경우

④ 평균해면으로부터 6,100미터를 초과하는 고도로 비행하는 경우

27 다음 중 지정행정기관의 장은 다음 연도의 소관별 교통안전시행계획안을 수립하여 매년 몇월 말까지 국토교통부장관에게 제출하여야 하는가?

① 3월

② 6월

③ 10월

④ 11월

28 다음 중 항공업무에 포함되지 않는 것은?

① 항공기 조종연습 및 항공교통관제연습

② 무선설비의 조작을 포함한 항공기의 운항

③ 항공교통관제 업무

④ 정비등을 수행한 항공기의 감항성을 확인하는 업무

29 항공기가 활공기를 예항하는 경우 예항줄의 길이로 옳은 것은?

① 20미터 이상 60미터 이하
② 40미터 이상 80미터 이하
③ 50미터 이상 100미터 이하
④ 60미터 이상 90미터 이하

30 다음 중 항공기 승객 좌석 수에 따른 객실에 구비되는 소화기 수량으로 옳지 않은 것은?

① 30석 : 1개
② 60석 : 2개
③ 60석부터 200석 : 3개
④ 201석부터 300석 : 4개

31 다음 중 여객운송에 사용되는 항공기로 승객을 운송하는 경우, 항공기에 장착된 승객의 좌석 수에 따라 객실에 정하는 수 이상의 객실승무원 설명으로 옳지 않은 것은?

① 20석 이상 50석 이하 : 1명
② 50석 이상 100석 이하 : 2명
③ 101석 이상 150석 이하 : 3명
④ 151석 이상 200석 이하 : 4명

32 다음 중 항공운송사업용 여객기의 승객 좌석 수에 따른 손확성기의 수로 옳지 않은 것은?

① 99석 : 1개
② 199석 : 2개
③ 200석 : 3개
④ 300석 : 4개

33 교통사고 발생건수 및 교통사고 사상자 수 산정 시 중상사고 1건 또는 중상자 1명에 대한 가중치로 옳은 것은?

① 0.3
② 0.4
③ 0.7
④ 1

34 다음 중 항공안전법에 따른 사망 · 중상의 범위로 옳지 않은 것은? – 항공안전법 시행규칙 제7조

① 골절
② 열상으로 인한 심한 출혈
③ 전염물질이나 유해방사선에 노출
④ 항공기사고, 경량항공기사고 또는 초경량비행장치사고로 부상을 입은 날부터 7일 이내에 36시간을 초과하는 입원치료가 필요한 부상

35 항공기 등록에 관한 설명으로 옳지 않은 것은?

① 외국의 법인 또는 단체에서 소유하거나 임차한 항공기는 등록이 제한된다.
② 항공기에 대한 임차권(賃借權)은 등록하여야 제3자에 대하여 그 효력이 생긴다.
③ 외국 정부 또는 외국의 공공단체에서 소유하거나 임차한 항공기는 등록이 제한된다.
④ 국토교통부장관은 소유자가 항공기를 등록하였을 때에는 등록한 자에게 국토교통부령으로 정하는 바에 따라 항공기 등록증명서를 발급하여야 한다.

36 공항시설의 보호를 위하여 필요한 구역을 누구에게 승인받아 보호구역으로 지정하는가?

① 공항운영자
② 국토교통부장관
③ 지방항공청장
④ 대통령

37 다음 중 교통시설설치 · 관리자등은 법 제54조의2제1항에 따라 교통안전담당자를 지정 또는 지정해지하거나 교통안전담당자가 퇴직한 경우에는 지체 없이 그 사실을 관할 교통행정기관에 알리고, 지정해지 또는 퇴직한 날부터 며칠 이내에 다른 교통안전담당자를 지정해야 하는가?

① 7일 이내
② 10일 이내
③ 30일 이내
④ 60일 이내

38 다음 중 교통안전에 관한 주요 정책과 교통안전법에 따른 국가교통안전기본계획에 대해 심의하는 곳은?

① 지방교통위원회
② 국가교통위원회
③ 도로교통위원회
④ 시 · 군 · 구교통안전위원회

39 항공보안법에 따른 공항시설 보호구역에 포함되는 지역으로 옳지 않은 것은?

① 출입국심사장
② 항공기 급유시설
③ 활주로 및 계류장
④ 관제탑 등 관제시설

40 항공기 변경등록을 신청해야 하는 경우로 옳은 것은?

① 항공기의 주기장이 변경되었을 때
② 항공기의 정치장이 변경되었을 때
③ 항공기의 생산 연월일이 변경되었을 때
④ 항공기 임차기간의 만료 등으로 항공기를 사용할 수 있는 권리가 상실된 경우

41 항공안전법에서 규정하는 주의공역이란?

① 항공교통의 안전을 위하여 항공기의 비행 순서 · 시기 및 방법 등에 관하여 제84조제1항에 따라 국토교통부장관 또는 항공교통업무증명을 받은 자의 지시를 받아야 할 필요가 있는 공역으로서 관제권 및 관제구를 포함하는 공역
② 관제공역 외의 공역으로서 항공기의 조종사에게 비행에 관한 조언 · 비행정보 등을 제공할 필요가 있는 공역
③ 항공교통의 안전을 위하여 항공기의 비행을 금지하거나 제한할 필요가 있는 공역
④ 항공기의 조종사가 비행 시 특별한 주의 · 경계 · 식별 등이 필요한 공역

42 다음 중 항공안전 의무보고 대상자로 옳지 않은 것은?

① 항공기 기장(항공기 기장이 보고 할 수 없는 경우에는 그 항공기의 소유자등을 말한다)

② 항공정비사(항공정비사가 보고할 수 없는 경우에는 그 항공정비사가 소속된 기관·법인 등의 대표자를 말한다)

③ 항공교통관제사(항공교통관제사가 보고할 수 없는 경우 그 관제사가 소속된 항공교통관제기구를 말한다)

④ 항행안전시설을 설치·관리하는 자

43 다음 중 회항시간 연장운항의 승인에서 "국토교통부령으로 정하는 시간" 대한 설명으로 옳은 것은?

① 2개의 발동기를 가진 비행기(최대인가승객 좌석 수가 20석 미만)는 1시간이다.

② 3개 이상의 발동기를 가진 비행기는 3시간이다.

③ 2개의 발동기를 가진 비행기(최대이륙중량이 4만 6천킬로그램 미만)는 1시간이다.

④ 전세운송에 사용되는 비행기의 경우에는 2시간으로 한다.

44 다음 중 항공보안에 관련되는 사항을 협의하기 위하여 국토교통부에 설치하는 것은?

① 항공보안협의회

② 지방항공보안협의회

③ 항공안전협의회

④ 공항안전운영협의회

45 다음 중 반드시 청문을 실시해야 하는 경우로 옳은 것은?

① 교통안전관리자 자격 발급

② 교통안전진단기관 등록 연장

③ 교통안전관리자 자격의 취소

④ 교통안전관리자 자격 평가 검토

46 교통시설안전진단을 받은 교통시설설치·관리자가 해당 교통시설의 사용 개시 전에 대통령령으로 정하는 바에 따라 교통안전진단기관이 작성·교부하여 제출할 교통시설안전진단보고서에 포함되는 것으로 옳지 않은 것은?

① 교통시설안전진단 대상의 범위

② 교통안전진단기관의 권고사항

③ 교통시설안전진단 대상의 상태 및 결함 내용

④ 교통시설안전진단을 받아야 하는 자의 명칭 및 소재지

47 항공안전의무보고서 제출시기로 옳지 않은 것은?

① 항공기사고 : 즉시

② 항공기준사고 : 즉시

③ 항공기준사고 : 48시간

④ 항공등화 운영 및 유지관리 수준에 미달한 경우 : 즉시

48 다음 중 교통안전법 제21조 제1항부터 제3항까지의 규정을 위반하여 교통안전관리규정을 제출하지 않거나 이를 준수하지 않은 경우 또는 변경명령에 따르지 않은 경우에 과태료 금액으로 옳은 것은?

① 1천만원 이하   ② 500만원

③ 300만원   ④ 200만원

49 국가 및 시 · 도지사등은 교통안전법에 따라 어린이, 노인 및 장애인(이하 이 조에서 "어린이등"이라 한다)의 교통안전 체험을 위한 교육시설(이하 이 조에서 "교통안전 체험시설"이라 한다)을 설치할 때 설치 기준 및 방법에 해당되는 것으로 옳은 것은?

① 교통안전 체험시설에 설치하는 항행안전시설 등이 관계 법령에 따른 기준과 일치할 것
② 어린이등이 자전거를 운전할 때 안전한 운전방법을 익힐 수 있는 자전거 교육 시설을 갖출 것
③ 어린이등이 교통수단의 운영체계를 이해할 수 있도록 도로 · 철도 등의 시설을 관계 법령에 맞게 배치할 것
④ 어린이등이 교통사고 예방법을 습득할 수 있도록 교통의 위험상황을 재현할 수 있는 영상장치 등 시설 · 장비를 갖출 것

50 다음 중 교통안전담당자를 지정하지 않은 경우의 과태료로 옳은 것은?

① 100만원 ② 200만원
③ 300만원 ④ 500만원

정답

01	②	02	②	03	①	04	②	05	②
06	②	07	②	08	③	09	③	10	②
11	②	12	①	13	②	14	③	15	④
16	②	17	③	18	③	19	②	20	①
21	④	22	③	23	④	24	④	25	①
26	④	27	③	28	②	29	②	30	③
31	②	32	④	33	③	34	④	35	④
36	③	37	③	38	②	39	②	40	②
41	④	42	③	43	④	44	①	45	③
46	①	47	③	48	③	49	④	50	④

과 목 교통안전관리론

01 정지상태에서 정상인 시야가 약 $180 \sim 200°$인데 $100[km/h]$ 속도로 운전할 때 시야는 얼마로 줄어드는가?

① 20° ② 30°
③ 40° ④ 50°

02 교통사고 예방을 위한 법규나 관리규정 등을 제정하여 안전관리의 효율성을 제고하기 위한 접근방법은?

① 인도적 접근방법
② 기술적 접근방법
③ 과학적 접근방법
④ 제도적 접근방법

03 초기에는 부품 등에 내재하는 결합, 사용자의 미숙 등으로 고장률이 높게 상승하지만 중기에는 부품의 적응 및 사용자의 숙련 등으로 고장률이 점차 감소하다가 말기에는 부품의 노화 등으로 고장률이 점차 상승하는 원리는?

① 욕조곡선의 원리
② 결합부품 배제의 원리
③ 정리정돈의 원리
④ 무결점 안전화의 원리

04 심리학자 캇츠(D. Katz)가 말하는 '스스로를 더욱 강화시키고, 자기 자신의 정체성을 가지게 하는 태도'의 기능으로 옳은 것은?

① 적응 기능
② 지시적 기능
③ 자기방어적 기능
④ 가치표현적 기능

05 교통사고의 원인 중 가장 많은 것은?

① 차량적 원인
② 인적요인
③ 교통환경 요인
④ 정원 · 적재의 초과

06 다음 중 보행자의 심리라 할 수 없는 것은?

① 보행자는 급히 서두르는 것이 보통이다.
② 횡단보도가 있는데도 아무데서나 횡단하고자
한다.
③ 안전의식에 대한 면허와 같은 것이 없다.
④ 횡단보도를 찾아서 횡단하려는 심리가 크다.

07 1.2시력이라도 90[km/h]로 운전할 때는 얼마까지 감소하는가?

① 1.0   ② 0.7
③ 0.5   ④ 0.1

08 안전관리활동 중 현장안전회의(Tool Box Meeting)에 관한 설명으로 옳지 않은 것은?

① 짧은 시간을 할애하여 미팅한다.
② 장시간 할애하여 미팅한다.
③ 인원수는 5~6인이 적당하다.
④ 운행종료 후에도 미팅한다.

09 어떤 요인이 발생시에 그것이 근원이 되어 다음 요인이 생기게 되고 또 그것이 요인을 일어나게 하는 것과 같이 요인이 연쇄적으로 하나하나의 요인을 만들어가는 형태로 옳은 것은?

① 집중형   ② 복합형
③ 연쇄형   ④ 사고다발형

10 명순응에 대한 다음 설명 중 옳은 것은?

① 어두운 곳에서 밝은 곳으로 들어가면 조금 있다
눈이 익숙해지는 현상
② 눈부심으로 인하여 순간적으로 시력을 잃어버
리는 현상
③ 밝은 곳에서 어두운 곳으로 들어가면 조금 있다
눈이 익숙해지는 현상
④ 눈이 순간적으로 피로한 현상

11 다음 중 공식집단의 특성으로 옳지 않은 것은?

① 비가시적이다.
② 표준화된 업무를 수행한다.
③ 제도화된 공식 규범의 바탕 위에 성립된다.
④ 공적인 목표를 추구하기 위하여 인위적으로 조
직을 구성한다.

12 P–D–C–A 계획에 대한 설명으로 옳지 않은 것은?

① P는 계획을 말한다.
② C는 창조를 말한다.
③ D는 실시를 말한다.
④ A는 조정을 말한다.

13 운전자가 위험을 인식하고 브레이크가 실제로 작동하기까지 걸리는 시간을 의미하는 것은?

① 정지거리   ② 공주거리
③ 주행거리   ④ 제동거리

14 다음 중 효율적 상담기법에 해당하지 않는 것은?

① 상담자는 내담자에 관한 비밀을 외부에 누설해서는 안 된다.
② 내담자의 공격적인 질문에 대해서는 무조건 회피하고 다른 질문으로 유도한다.
③ 내담자가 말하고자 하는 의미를 상담자가 생각하고 이 생각한 바를 다시 내담자에게 말해준다.
④ 상담자는 내담자에게 주의를 기울이고 있으며 내담자의 말을 받아들이고 있다는 태도를 유지한다.

15 교통안전관리의 단계 중 작업장, 사고현장 등을 방문하여 안전지시, 일상적인 감독상태 등을 점검하는 단계는?

① 준비단계   ② 조사단계
③ 계획단계   ④ 설득단계

16 집단활동의 타성화에 대한 대책으로써 옳지 않은 것은?

① 문제의식 억제
② 성과를 도표화
③ 표어, 포스터의 모집
④ 타집단과 상호교류

17 노면에 나타난 스키드마크(Skid Mark)로 추정할 수 있는 것은?

① 자동차의 타이어자국이 노면에 찍힌 흔적으로 차량의 추진력을 알 수 있다.
② 자동차 브레이크시 노면에 남긴 흔적으로 길이를 이용하여 속도를 추정할 수 있다.
③ 자동차의 앞차륜 정렬상태를 알 수 있다.
④ 자동차의 정적 · 동적 밸런스를 알 수 있다.

18 페이욜이 제시한 14가지 관리일반원칙 중에서도 가장 핵심이 되는 것으로, 오늘날처럼 규모가 커진 기업경영을 위한 필수적인 전제가 되는 원칙은?

① 명령통일의 법칙
② 보수적정화의 원칙
③ 계층화의 원칙
④ 분업의 원칙

19 다음 중 "교통사고를 발생시키는 요인의 비중이 동일하다" 는 원리를 의미하는 것으로 옳은 것은?

① 등치성   ② 동인성
③ 차등성   ④ 배치성

20 운전자가 정보를 수집하고 행동을 결정하여 실행 후 확인과정을 의미하는 것은?

① 행동반응
② 인지반응
③ 상황반응
④ 교통반응

21 다음 중 운전자에 관한 교통사고 인적요소로 옳지 않은 것은?

① 생리
② 준법정신
③ 운전자의 심리
④ 운전면허 소지자 수 증가

22 교통안전관리에 대한 설명으로 옳지 않은 것은?

① 교통안전관리는 종합성과 통합성이 요구된다.
② 교통안전관리는 노무인사관리 부문과의 관계성은 없다.
③ 교통안전에 대한 투자는 회사의 발전과 밀접한 관계가 있다.
④ 과학적 관리가 필요하다.

23 운전자의 반응과정으로 옳은 것은?

① 인지 – 판단 – 제거
② 판단 – 인지 – 조작
③ 인지 – 판단 – 조작
④ 조작 – 인지 – 판단

24 인간의 행동을 규제하는 내적 요인으로 아닌 것은?

① 소질관계
② 경력관계
③ 인간관계
④ 심신상태

25 다음 중 하인리히 법칙(Heinrich's law)에 대한 설명으로 옳지 않은 것은?

① 사고가 발생한 후 사고방지대책을 강구하는 데 중점을 두고 있다.
② 큰 재해와 작은 재해, 사소한 사고의 발생 비율이 1 : 29 : 300이라고 본다.
③ 노동재해를 분석하면서 인간이 일으키는 같은 종류의 재해에 대한 것이다.
④ 한 번의 큰 재해가 있기 전에 그와 관련된 작은 사고나 징후들이 먼저 일어난다는 법칙이다.

정답

01	③	02	④	03	①	04	④	05	②
06	④	07	③	08	②	09	③	10	①
11	①	12	②	13	④	14	②	15	②
16	①	17	②	18	④	19	①	20	④
21	④	22	②	23	③	24	③	25	①

참고문헌

01 법제처 교통안전법

02 법제처 항공안전법

03 법제처 항공보안법

04 세화출판사 항공조종사와 관제사를 위한 항공법규

05 세화출판사 항공정비사를 위한 항공법규

06 범론사 교통안전관리자 기출예상문제집(항만 · 항공)

07 한국안전학회지 제21권 제2호 교통안전진단 결과분석을 통한 교통사고 요인분석

08 한국교통연구원 인적요인이 도로설계에 미치는 영향

09 한국교통연구원 교통사고 비용 추정 연구자료

10 대한안전경영과학회 추계학술대회 교통안전제도분석을 통한 생산성향상에 관한 사례 연구자료

항공 교통안전관리자
기출 예상문제 및 해설

발　　행 | 2023년 6월 30일　초판1쇄
　　　　　 2025년 1월 21일　초판3쇄

저　　자 | 조정현
발 행 인 | 최영민
발 행 처 | 피앤피북
주　　소 | 경기도 파주시 신촌로 16
전　　화 | 031-8071-0088
팩　　스 | 031-942-8688
전자우편 | pnpbook@naver.com
출판등록 | 2015년 3월 27일
등록번호 | 제406-2015-31호

정가 : 17,000원

• 이 책의 어느 부분도 저작권자나 발행인의 승인 없이 무단 복제하여
　이용할 수 없습니다.
• 파본 및 낙장은 구입하신 서점에서 교환하여 드립니다.

ISBN　979-11-92520-49-0　　(93550)